essentials

essentials liefern aktuelles Wissen in konzentrierter Form. Die Essenz dessen, worauf es als „State-of-the-Art" in der gegenwärtigen Fachdiskussion oder in der Praxis ankommt. *essentials* informieren schnell, unkompliziert und verständlich

- als Einführung in ein aktuelles Thema aus Ihrem Fachgebiet
- als Einstieg in ein für Sie noch unbekanntes Themenfeld
- als Einblick, um zum Thema mitreden zu können

Die Bücher in elektronischer und gedruckter Form bringen das Expertenwissen von Springer-Fachautoren kompakt zur Darstellung. Sie sind besonders für die Nutzung als eBook auf Tablet-PCs, eBook-Readern und Smartphones geeignet. *essentials:* Wissensbausteine aus den Wirtschafts-, Sozial- und Geisteswissenschaften, aus Technik und Naturwissenschaften sowie aus Medizin, Psychologie und Gesundheitsberufen. Von renommierten Autoren aller Springer-Verlagsmarken.

Weitere Bände in der Reihe http://www.springer.com/series/13088

Marcus Hellwig

Der vierte Parameter, Kurtosis und die logarithmische Varianz

Mathematisches Konstrukt und die Anwendungen in den Naturwissenschaften

 Springer Vieweg

Marcus Hellwig
DB Engineering & Consulting GmbH
Frankfurt am Main, Deutschland

ISSN 2197-6708　　　　　　ISSN 2197-6716　(electronic)
essentials
ISBN 978-3-658-21858-4　　　ISBN 978-3-658-21859-1　(eBook)
https://doi.org/10.1007/978-3-658-21859-1

Die Deutsche Nationalbibliothek verzeichnet diese Publikation in der Deutschen Nationalbibliografie; detaillierte bibliografische Daten sind im Internet über http://dnb.d-nb.de abrufbar.

Springer Vieweg
© Springer Fachmedien Wiesbaden GmbH, ein Teil von Springer Nature 2018

Gedruckt auf säurefreiem und chlorfrei gebleichtem Papier

Springer Vieweg ist ein Imprint der eingetragenen Gesellschaft Springer Fachmedien Wiesbaden GmbH und ist ein Teil von Springer Nature
Die Anschrift der Gesellschaft ist: Abraham-Lincoln-Str. 46, 65189 Wiesbaden, Germany

Was Sie in diesem *essential* finden können

Die Betrachtung extremwertiger Ereignisse in bildhaften Erscheinungen aus Geschichte und der Gegenwart des Alltags und daraus

- die Erkenntnis, dass beobachtete Prozesse nie vollständig symmetrische Eigenschaften aufweisen,
- neue theoretische Ansätze für das Finanz-Risikomanagement,
- die Verbindung der Wahrscheinlichkeitstheorie extremwertiger Prozesse mit Beispielen aus den Wissenschaften des Kapitalmarktes, der Medizin, des Verkehrs,
- eine Einführung in die Gauß'sche Normalverteilung und deren Grenzen der Anwendbarkeit,
- die Einführung in die asymmetrisch-logarithmische Betrachtung von Prozessen,
- die Hinführung zur Asymmetrie extrem-steiler Ereignisverläufe und zur Entwicklung der logarithmischen Variante der Equibalancedistribution – Eqbl,
- die Anwendungen der logarithmischen Equibalancedistribution Eqbl in verschiedenen Fachgebieten,
- die Betrachtung von Verteilungen sinusförmiger Amplituden und deren stochastischer Natur,
- die Beziehung zu alpha-stabilen Verteilungen.

Für Leon, Julien und Linus Hellwig

Vorwort

Für viele Erkundungen der Verhaltensweisen natürlicher und technischer Prozesse wird nach Mustern geforscht, die auf zukünftige Entwicklungen Rückschlüsse schließen lassen.

Die Mathematik zur Wahrscheinlichkeitstheorie bietet dafür ein begrenztes Spektrum an Formeln.

Muster erscheinen in der Statistik oft in Diagrammen (Linien-, Stab-, Kurvendiagrammen) bestehend aus gemessenen Werten, auf welche dann ein theoretischer Graph abgebildet wird. Stimmen die gegenübergestellten Graphen nicht überein helfen Zusatzfunktionen dazu die jeweiligen Abweichungen zu quantifizieren und die Passung zu bewerten. Bei jeder Gegenüberstellung ist das Ziel ein Modell zu entwickeln, das erlaubt, von einer kleinen Datenmenge – der Stichprobe – auf die zukünftige Grundgesamtheit, auf das zukünftige Verhalten von Prozessen zu schließen.

Insofern wird eine Übereinstimmung zwischen einer physikalischen Theorie und einem statistischen Muster gesucht.

Die Mathematik zwingender Logik und deren Resultate kann im strengen Sinn im Wahrscheinlichkeitskalkül nicht Fuß fassen.

Die bereits erschienenen *essentials* behandeln Fälle, die sich aus Fragestellungen der Telekommunikation ergeben haben und offensichtlich auch in weiteren Fachbereichen Anwendung finden können.

Insofern ist dieses *essential,* Der vierte Parameter – Kurtosis und die logarithmische und sinusförmige Varianz die Fortsetzung der vorangegangenen *essentials* mit den Titeln „Der dritte Parameter und die asymmetrische Varianz", „Equibalancedistribution" und der Veröffentlichung des Fachbuches „Leit- und Sicherungstechnik mit drahtloser Datenübertragung".

Die Ausführungen und Erläuterungen dafür werden grafisch untermauert, und es wird darauf hingewiesen, dass, bedingt durch die Kürze der Ausführungen in einem *essential,* jedes Fachgebiet für sich tiefere Betrachtungen bezüglich einer Verwendung der Eqbl – hier insbesondere für die Extermwerttheorie – durchführen möge.

Des zwingenden Zusammenhangs wegen wurden einige Passagen aus den *essentials* „Der dritte Parameter und die asymmetrische Varianz" und „Equibalancedistribution" übernommen und ergänzt.

Da in einem *essential* der Umfang der Stochastik und der Wahrscheinlichkeitstheorie nicht vollumfänglich beschrieben werden kann, ist der Leser aufgefordert, sich den fachlichen Hintergrund selbstständig zu erarbeiten. Daher sei auch darauf verwiesen, dass, eben bedingt durch die Kompensation der Inhalte auf das Notwendigste, vielmehr die Anregung zur differenzierten Betrachtung von Ereignissen und ihrem zahlenmäßigen Auftreten gegeben werden soll. Selbstverständlich sind auch populärwissenschaftliche Artikel der Grund für die Betrachtungen, die sich in den Kapiteln widerspiegeln. Es wurde großer Wert darauf gelegt, alle Abbildungen mit hohem grafischem Aufwand zu erstellen. Dieses ist begründet dadurch, dass sich Frequentismuswerte, die sich in Häufigkeitsverteilungen äußern, nicht ohne weiteres stetigen Funktionen mathematisch eindeutig zuordnen lassen. Daher wird es immer so sein, dass Histogramme und Funktionsgraphen ausschließlich Näherungen an die zu erwartende Zukunft zulassen.

Auch in diesem *essential* danke ich Hr. Dr. Depperschmidt für den mathematisch-analytischen Beitrag in Abschn. 6.2 zum Nachweis der Dichte der Funktionen.

Marcus Hellwig

Inhaltsverzeichnis

Anlässe 1

1.1 Allgemeiner Hintergrund

In Abhandlungen aus Wirtschaft und Wissenschaft wird die Anwendung der Gauß`schen Glockenkurve als theoretischer Hintergrund für Prognosen verwendet (s. Abb. 1.1).

Dafür wird die Anwendung derselben seit geraumer Zeit als nicht immer als verwendbar empfunden und daher nach Lösungen gesucht, die Prognosen zulassen, welche, wenn auch nicht in allen Fällen, die Zukunft offenbaren, so aber zumindest einen Rahmen abstecken können, der solche fundamentalen Eigenschaften aufweist, die in der symmetrischen Glockenkurve nicht erfasst sind. Dazu gehören die Schiefe und die „Steilheit" – Kurtosis – von Häufigkeitsverteilungen (Stabdiagrammen/Histogrammen), die aus statistisch erfassten Datenmengen erzeugt werden und ihr theoretisches Pendant suchen.

Oft sind diese Zeugnis von Prozessen, die durch extreme Wertentwicklungen in Urwerttabellen hervorstechen. Insofern mögen der vierte Parameter und die dadurch beeinflusste Funktion Eqbl dazu beitragen die Betrachtung der Zukunft der Prozesse, auf die durch Stichproben geschlossen werden soll, zu objektivieren.

Insofern ist dieses auch ein Beitrag zu Extremwerttheorien, die anhand von im Folgenden aufgeführten Beispielen theoretischer Hintergrund sein können.

In der Wirtschaft sind dieses zum Beispiel „kurvenreiche" Ergebnisdarstellungen der Börse, die – wenn Turbulenzen den Markt durchziehen – in keiner Weise die Eigenschaften einer Normalverteilung aufweisen –, sondern durch die sogenannten, in der Umgangssprache genannte „dicken Schwänze" hervorstechen.

In der Wissenschaft sind es seltene Ereignisse, wie zum Beispiel seismische Fälle, also Erdbeben, aber auch extreme Pünktlichkeitsabweichungen von Zügen, um nur einige zu nennen, bei denen in statistischen Darstellungen/Histogrammen ebenfalls „dicke Schwänze und eine gewisse Steilheit" angezeigt sind.

© Springer Fachmedien Wiesbaden GmbH, ein Teil von Springer Nature 2018
M. Hellwig, *Der vierte Parameter, Kurtosis und die logarithmische Varianz*,
essentials, https://doi.org/10.1007/978-3-658-21859-1_1

Abb. 1.1 Gauß'sche Glockenkurve

Im frühen neunzehnten Jahrhundert entwickelte Augustin Louis Cauchy († 23. Mai 1857) eine Funktion, die den Anforderungen zumindest der – kurtotischen Erscheinung von Häufigkeitsverteilungen – insbesondere an ihren weitläufigen Rändern, den „dicken Schwänzen" entsprechen konnte. Sie gehört zu der Klasse der alpha-stabilen Verteilungen, da ihr Formparameter α stabil, also bei der Cauchy-Verteilung Cauchy$(0, \alpha)$ bei 1 verbleibt.

Benôit Mandelbrot, französisch-US-amerikanischer Mathematiker († 14. Oktober 2010), hatte sich dem wirtschaftlichen Aspekt dazu gewidmet und die Aktienkurse der Börsen mit seiner Betrachtung der „Fraktalen Geometrie" „Börsenturbulenzen – neu erklärt" (1999) gewidmet.

In der im weiteren Verlauf erfolgenden Bearbeitung wird das Kernthema dazu einer Variante unterzogen, die eine Folge aus dem *essential* „Der dritte Parameter und die asymmetrische Varianz", also stochastischer Natur ist.

Da Prozesse auch nach deren Symmetrieeigenschaften und deren Streuverhalten analysiert werden, und diese wiederum Teil gesamthafter Betrachtung auf Basis der Stochastik sind, soll der Schwerpunkt der folgenden Arbeit auch im Fachgebiet Stochastik abgehandelt werden.

Vor dem Einstieg in den mathematischen Teil dieser Abhandlung wird eine kurze Überleitung von offensichtlich symmetrischen Objekten zu den asymmetrisch/logarithmischen dargestellt.

Sie soll erläutern, welche Beeinflussungen aus der bildhaften, geistigen Vorstellung der Vergangenheit bis heute auf Betrachtungen einwirken, die dazu führen können, dass Althergebrachtes der möglicherweise tatsächlichen Häufigkeitsverteilungsform vorangestellt wird.

1.2 Publizierter Hintergrund

Dazu sei unter anderem Prof. Ian Stewart (2012) zitiert:

Normal Distribution
What does it say?
The probability of observing a particular data value is greatest near the mean value—the average—and dies away rapidly as the difference from the mean increases. How rapidly depends on the standard deviation.
Why is that important?
It defines a special family of bell-shaped probability distributions, which are often good models of common real-world observations.
What did it lead to?
The concept of the "average man", tests of the significance of experimental results, such as medical trials, and an unfortunate tendency to default to the bell curve as if nothing else existed.

Offensichtlich erscheint der Anlass in der statistischen Welt groß genug, neue Konzepte zu entwickeln.

Auch André Waser (2003) verweist in seiner Veröffentlichung „Die logarithmische Verteilung in der Natur" auf den grundlegenden Bedarf an differenzierter – von Normalverteilungen unabhängiger Betrachtung – in vielen natürlichen Prozessen.

In der Presse wurde im März 2003 ein Artikel veröffentlicht, der anhand der folgenden Abb. 1.2 den zu diesem Zeitpunkt kritischen Sachstand im Umgang mit Häufigkeitsverteilungen und der stochastischen Mathematik der Finanzwelt widerspiegelt. Die aufgezeigte Grafik wurde dem Vorbild des Autors mit seiner ausdrücklichen Genehmigung datenmäßig nachgebildet.

Offensichtlich wurde bis Dato die Gauß'sche Normalverteilung als Grundlage zur Bewertung der Finanzlage genutzt. Sie bildet aber nicht annähernd den tatsächlichen Kursverlauf über die Zeit ab. Nachteil des Modells ist, dass es die an den Finanzmärkten recht häufig auftretenden größeren Kursausschläge schlecht erfasst. Insbesondere künden genau davon die auslaufenden dicken Schwänze, engl. „Fat Tails", die weit über das Kriterium SechsSigma, engl. SixSigma, hinaus reichen.

Die in diesem *essential* beschriebene neue Funktion Eqbl soll dem Abhilfe schaffen.

Es wird dabei deutlich, dass, wie im Vorwort begründet ist,

… dass sich Frequentismuswerte, die sich in Häufigkeitsverteilungen äußern, nicht ohne weiteres stetigen Funktionen mathematisch eindeutig zuordnen lassen. Daher wird es immer so sein, dass Histogramme und Funktionsgraphen ausschließlich Näherungen an die zu erwartende Zukunft zulassen.

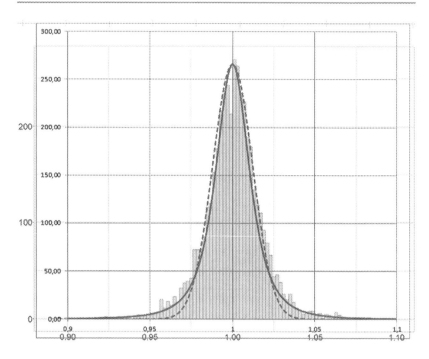

Abb. 1.2 Stabdiagramm Häufigkeitsverteilung, Normalverteilung gestrichelt, Eqbl geschlossene Linie

Das soll aber nun nicht davon abhalten eine Reihe von Betrachtungen durchzuführen, die eine größere Akkuratesse zulassen, als es bisher möglich ist, dazu dienen die nachfolgend entwickelten mathematischen Entwicklungen. Doch zuvor sei die Differenz zwischen mathematisch-Formalem und der physikalischen Auffassung von Wahrheit, vom Wahrheitsgehalt der Formeln betrachtet.

Beweis und Experimente, Wahrscheinlichkeit

2

Es sei Grundsätzliches festgestellt, zwischen dem was Statistik unterscheidet von der Mathematik der Wahrscheinlichkeitstheorie, die in diesem *essential* verwendet wird.

- Mathematische Sätze verbleiben solange im Status der Vermutungen, bis sie bewiesen sind.
- Physikalische Annahmen verbleiben solange in diesem Status, bis sie mit mathematischen formulierten Experimenten in größter Näherung an selbige Annahmen bestätigt werden.

Daher ist die hier betrachtete Statistik eher durch Annahme und Bestätigung in größter Näherung durch zahlreiche Experimente gedeckt, als durch mathematischen Beweis.

Dieser muss schon an der Unschärfe des Frequentismus scheitern, der Grundlage des Gesetzes der Großen Zahlen mit denen gearbeitet wird.

Insofern spiegeln die erarbeiteten Formeln wieder, wie sich Frequentismus, also

- die Wahrscheinlichkeit von Ereignissen, die aus einer großen Anzahl gleicher, wiederholter, voneinander unabhängiger Zufallsexperimente ermittelt wird,

und Mathematik einer „physikalischen Wahrheit" nähern.

Das trifft auch auf die Entwicklung der bereits bekannten und neueren, veröffentlichten Dichtefunktionen zu, die in ihrer Vielfalt versuchen, eine große Näherung an tatsächlich gemessene Experimentwerte zu erhalten.

Das ist mit der Gauß'schen Normalverteilung über einen Zeitraum hinweg, für eine bestimmte Art von Häufigkeiten gelungen, sofern sie sich normalverteilt „verhielten". Für davon unterschiedliche Dichten wurden unterschiedliche Formeln entwickelt.

© Springer Fachmedien Wiesbaden GmbH, ein Teil von Springer Nature 2018
M. Hellwig, *Der vierte Parameter, Kurtosis und die logarithmische Varianz*, essentials, https://doi.org/10.1007/978-3-658-21859-1_2

Dem anschließen will sich die folgende Arbeit. Sie zielt jedoch darauf ab, die Symmetrie von Verteilungen als „ideale Erscheinung" zu berücksichtigen. Insofern können sich experimentelle Häufigkeiten symmetrisch verteilt nahe an einem Mittelwert sammeln.

Ein Sonderfall ist, wenn der Mittelwert der Erhebung nicht von dem prognostizierten Erwartungswert zu unterscheiden wäre.

Im Allgemeinen aber, das berücksichtigt die Formel Eqb (Hellwig 2017) und die im Folgenden erarbeitete Eqbl, ist nicht eine einzige Sammlung von Experimenten „ideal symmetrisch" um ein Maximum verteilt.

Schicksalhaft zeigen sich im Nachhinein jene statistischen Aufzeichnungen, die von extremen spontanen Ereignissen künden, wie Erdbeben, Unwetterfolgen, Tsunamis.

Weniger schicksalhaft zeigen sich in den Anfängen beobachtete, geduldete und nicht gegen-beeinflusste Ereignisse die zum Beispiel zu Börsencrash, Dammbrüchen, Herzversagen führen.

Diesen Fällen soll in diesem *essential* Rechnung getragen werden, da die Hoffnung besteht, nach dem Motto.

„Wehret den Anfängen!"

zu verfahren, wenn es also möglich ist aus Stichproben auf die Zukunft der Prozesse zu schließen.

Wahrscheinlichkeit

3

Die Wahrheit abzubilden bleibt ein unmögliches Unterfangen, da Ereignisse und Ereignisfolgen – will man sie wahrheitsgemäß abbilden – nie einem theoretischen Modell, einer mathematisch formulierten Vorstellung vollumfänglich folgen können. Es ist doch eher umgekehrt, eine Funktion möge so nahe wie möglich der Wahrheit folgen – sie folgt daher, so umfänglich sie auch formuliert ist nur – scheinbar – der Wahrheit, daher also entstammt der Begriff „Wahrscheinlichkeit".

Die Mathematik der Physik stößt daher an Grenzen, will sie die Wahrheit vollständig abbilden.

Daher muss sie Kompromisse eingehen, die begründet sind durch die Ideale des Wissenschaften für die Wissenschaft und sich auszeichnen durch:

- **Objektivität**
  Erkenntnisse über Prozesse, Ereignisfolgen sind unabhängig von einem subjektiven Standpunkt,
- **Systemazität**
  Theorien versuchen mehrere Verhaltensweisen der Prozesse, Ereignisfolgen in einem Gesetz zu vereinen,
- **Experiment**
  Beobachtungen und Experimente bestätigen das Gesamtverhalten von Prozessen, Ereignisfolgen gemäß der Theorie und dem Gesetz.

Prosaisch formuliert:
So bleibt die Mathematik als solche in einem engen Gürtel gefangen, wenn sie alle Phänomene in einer einzigen Formel erfassen will. Da hilft dann die Wahrscheinlichkeitstheorie weiter, den Gürtel weiter zu schnallen, wohl wissend, dass damit die Präzision der Formel darunter leidet. Die folgenden Ausführungen berücksichtigen diese Erkenntnis und erläutern dieses theoretisch, wie auch hoffentlich anschaulich.

© Springer Fachmedien Wiesbaden GmbH, ein Teil von Springer Nature 2018
M. Hellwig, *Der vierte Parameter, Kurtosis und die logarithmische Varianz,*
essentials, https://doi.org/10.1007/978-3-658-21859-1_3

Grenzen symmetrischer Varianz

4

Erscheinungsformen von Häufigkeitsverteilungen, wie sie sich in nahezu allen Fachgebieten offenbaren, beeinflussen die objektive Erfassung von Sachlagen dahin gehend, dass sie oft als Urteilsgrundlage herangezogen werden. Auch die Prozesswelt bedient sich gerne einfacher, einprägsamer grafischer Darstellungen. Die von Gauß entwickelte symmetrische Normalverteilungsdichte ist ein gutes Beispiel dafür. Andererseits gibt es zahlreiche asymmetrische Prozesslagen, für die speziell angepasste Dichtefunktionen entwickelt wurden.

Die logarithmische Equibalancedistribution Eqbl, die erweitert wurde, um die Steilheit/Kurtosis zu objektivieren, soll dadurch Abhilfe schaffen, dass sie über einen Schiefeparameter, als auch über einen logarithmischer Einfluss, dem vierten Parameter, möglichst viele der speziell angepassten Dichtefunktionen ersetzt.

Für das qualitätswirksame Überwachungs- und Maßnahmenmanagement stellt sich die neu entwickelte Formel einer rechts- oder linksschiefen Verteilung, verbunden mit der Kurtosis, die „Equibalancedistribution Eqbl" für die Analyse von Messwerten als theoretische Variante dar. Die bislang zur Beschreibung herangezogene symmetrische Normalverteilung ist in der Eqbl nicht mehr als vereinfachter Sonderfall enthalten, sondern stellt sich mit ihrem logarithmischen Anteil auf die Bedingungen multiplikativer Einflüsse aus den Rohdaten ein.

Auch für die Eqbl gilt: Es ist so, dass es durch die gegenseitige Beeinflussung der Parameter auf die Werte, welche die Eqbl liefert nicht möglich sein wird, mit einer üblichen Statistik einzelne Parameter zu schätzen, weil sie alle schon im Erwartungswert vorkommen.

© Springer Fachmedien Wiesbaden GmbH, ein Teil von Springer Nature 2018
M. Hellwig, *Der vierte Parameter, Kurtosis und die logarithmische Varianz,*
essentials, https://doi.org/10.1007/978-3-658-21859-1_4

4.1 Wirtschaft

Häufiges Auftreten extremer Ereignisse mit besonders hohen Schäden wird durch die Normalverteilungsannahme nicht gut wiedergegeben. Weitere empirische Studien belegen außerdem, dass die Erträge nur selten symmetrisch verteilt sind. In der Regel ist die beste Beschreibung eine schiefe Verteilung. Aktienkurse verfolgen und bestimmen das Auf und Nieder der Wirtschaft. Oft wird der Kurs bestimmt durch weltweite Einflüsse aus hektischer Marktaktivität an den Finanzmärkten. Damit verbunden sind oft große Kursschwankungen, möglicherweise verursacht durch eine unzureichende Beurteilung der zu erwartenden Kurssprünge, wie sie in Abb. 4.1 dargestellt sind oder konkret beschrieben: Häufiges Auftreten extremer Ereignisse mit besonders hohen Schäden wird durch die Normalverteilungsannahme nicht gut wiedergegeben. Empirische Studien belegen außerdem, dass die Erträge nur selten symmetrisch verteilt sind. In der Regel ist die beste Beschreibung eine schiefe, mitunter steile Verteilung.

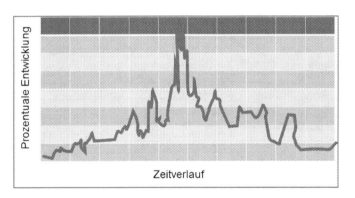

Abb. 4.1 Typischer Aktienkurs

4.2 Erdbebenbeobachtung

Erdbebenmessungen werden in Deutschland kontinuierlich durchgeführt. Heftige Ausschläge kündigen sich sehr spontan, meist ohne einen genügend langen Beobachtungs- und Messzeitraum an. Die entsprechenden Histogramme dazu fallen ebenfalls durch „lange Schwänze" auf (s. Abb. 4.2 Erdbebenaufzeichnung, Amplituden). Eine Gegenüberstellung mit einer normalverteilenden Varianz ist in dieser Erscheinung nicht zielführend. Allerdings wird auch bezweifelt, dass, aufgrund der Spontaneität der auftretenden Erdbebenereignisse, selbst eine neue Funktion helfen kann, diese frühzeitig zu erkennen.

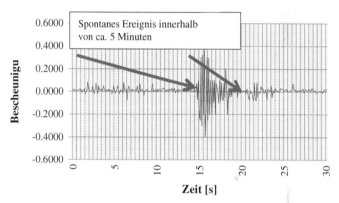

Abb. 4.2 Erdbebenaufzeichnung, Amplituden

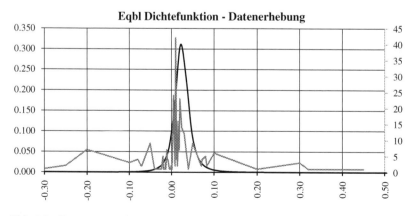

Abb. 4.3 Gegenüberstellung Eqbl Dichtefunktion, Datenerhebung

Die entwickelte Dichtefunktion in Abb. 4.3 kann zwar eine Näherung an die Datenerhebung liefern, eine zeitgerechte Vorausschau bleibt ihr aber aus zuvor beschriebenen Gründen versagt.

4.3 Weitere Disziplinen

* Medizin
  Untersuchen Mediziner die Herzfrequenzvariabilität, so stoßen sie auf folgende Erkenntnis (Freutsmiedl und Höhn 2016).

  Eine ausreichende Herzfrequenzvariabilität ist Ausdruck einer hohen Anpassungsfähigkeit an äußere Anforderungen und damit ein Hinweis auf Gesundheit. Umgekehrt wächst die Wahrscheinlichkeit zu erkranken, wenn sich das Herz nicht mehr flexibel an äußere und innere Belastungen anpassen kann.

* Verkehr
  Die Pünktlichkeit des Bahnverkehrs wird kontinuierlich aufgezeichnet. Seit einiger Zeit werden Ausgleichszahlungen erstattet, sollten – wie in betrachtetem Bahnsystem – Verzögerungstoleranzen überschritten werden. Doch auch für diese Untersuchungen kann eine Stichprobenanalyse auf der Basis der Normalverteilung nicht korrekt herhalten.

* Statistik
  Dieses Fach kennt verschiedene bildhafte Erscheinungen. Diejenige, welche am einprägsamsten wirkt, ist die symmetrische Normalverteilung bei der Symmetrie sich dadurch offenbart, dass sich eine theoretische Streuung von Werten um einen hypothetischen Erwartungswert verteilt. In der bekannten Gauß'schen Glockenkurve mit den Parametern μ für den Erwartungswert und σ der Streuung (s. Abb. 4.4) nimmt sie für die Werte $\mu = 0$ und $\sigma = 1$ die Form der Standardnormalverteilung an. Sie hat eine überzeugend einfache, spiegelbildliche Form und wird oft zur Beurteilung von Prozesseigenschaften herangezogen. Das macht ihre Beliebtheit für sehr viele Wissenschaftsanwendungen aus.

Die Standardnormalverteilung wird beschrieben durch die Formel/Funktion, für die gilt $\sigma = 1$, $\mu = 0$:

$$f_{(x)} = \frac{1}{\sigma\sqrt{2\pi}} e - \frac{1}{2}\left(\frac{x-\mu}{\sigma}\right)^2 \tag{4.1}$$

Standardnormalverteilung

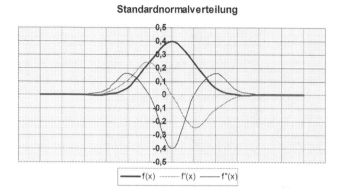

Abb. 4.4 Standardnormalverteilung, 1. und 2. Ableitung

4.4 Erweiterter Grundsatz

Asymmetrie beherrscht die Natur und deren Gesetze (Mandelbrot und Hudson 2005).

Nichts, das zu beobachten und zu messen ist, erscheint mit vollständig symmetrischen Eigenschaften.

Aus statistischer Sicht formuliert: Erhebungen aus Messdaten oder Zählungen zu Eigenschaften von Prozessen jedweder Art sind nicht symmetrisch um einen arithmetischen Mittelwert verteilt. Die diesbezügliche links- als auch rechts davon auftretende Streuung ist unterschiedlich und damit um den Mittelwert asymmetrisch verteilt. Zur Asymmetrie gesellen sich oft unentdeckt die Kurtosis, die Steilheit der Häufigkeitsverteilungen und die sehr weite Streuung von Messdaten um einen Maximalwert. Sie erscheint in Form von nicht immer außergewöhnlich langen Ausläufern – die Grundlage dafür, den beobachteten Prozess als extrem zu bezeichnen. Dabei können sich Schiefe und Kurtosis überlagern. Diese Fälle offenbaren sich in Häufigkeitsverteilungen oft nicht und sind nur durch mathematische Schätzverfahren festzustellen. Obwohl in zahlreichen Dokumenten beschrieben, wird zunächst die grundlegende Theorie skizziert, welche der Symmetrie, der Schiefe und der Kurtosis von Häufigkeitsverteilungen und ihrem theoretischen Pendant innewohnt.

Die Macht der Symmetrie ist gegenwärtig. Sie beeinflusst selbst unser Verhalten. Wir sind immer geneigt, der Symmetrie den Vorrang zu lassen. Sie beeinflusst unser Denken und Handeln zutiefst. Gerne lassen wir uns durch das Idealbild der Symmetrie – der Waage – dazu verleiten, die Sichtweise auf die Gegenstände zunächst auf ihre Symmetrieeigenschaften zu untersuchen (s. Abb. 4.5).

Im Idealfall ist die Streuung sehr dicht um ein Maximum gelagert (s. Abb. 4.6). Ein Beispiel dafür sind ganggenaue, Quarzfrequenz gesteuerte Uhren, deren Abweichungen – heutzutage – nachweislich bei $s = \pm 0{,}05$ s pro Tag im Mittel sind.

Die Vorstellung der Idealfall könnte auf jeden Prozess übertragen werden, kann nicht aufrecht gehalten werden, wenn gemessene Streuwerte schief, bisweilen extrem schief und extrem steil um ein Maximum verteilt erscheinen. Daher werden zwei Verteilungsformen betrachtet, welche, wie sich herausstellen wird, gemeinsam zu einer Formel führen, die in großer Näherung aus Stichproben auf die Grundgesamtheit schließen lassen.

Abb. 4.5 Waage im Gleichgewichtszustand mit symmetrischer Streuung

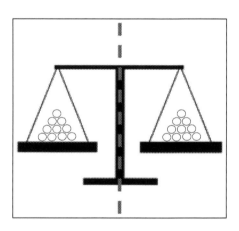

Abb. 4.6 Streuung s der Ganggenauigkeit Quarzuhr

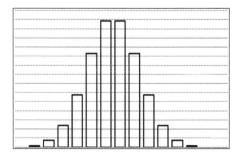

4.5   Stochastischen Systeme (logarithmische Verteilungsformen)

Nicht alle Verteilungsformen verlieren an Gültigkeit, wenn die Mengenbildung für Messungen aus Beobachtungsgebieten wie z. B. aus der Finanzwelt stammen. Die Normalverteilung ist dort, wie die nahe Vergangenheit zeigte (Börsencrash, „wilder Zufall") allerdings nicht verwendbar. Risiken werden unterschätzt, wenn die angewendete Stochastik versagt (s. Abb. 4.7).

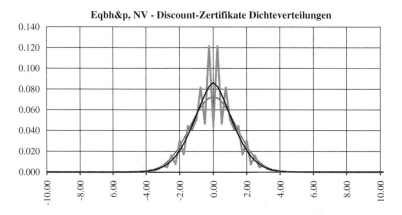

Abb. 4.7 Discount-Zertifikate

Vereinigung mit Asymmetrie und Steilheit (Kurtosis)

Die Entwicklung der Normalverteilung wurde zu Lebenszeit des Verfassers Gauß entwickelt. Eine weitere Differenzierung hinsichtlich der Schiefen hätte den Rechen- und Überprüfungsaufwand auf Plausibilität (Prüfung, dass die Summe der Dichteverteilung gegen 1 konvergiert), um ein Vielfaches der Zeit verlängert. Daher haben sich zu unterschiedlichen Zeiten unterschiedliche Verfasser mit den Problemen der schiefen, steilen Verteilungen auseinander gesetzt.

5.1 Parabolische, logarithmische Verteilungen

Oft sind Prüfungen notwendig, die sicherstellen sollen, dass eine empirische Erhebung von Messwerten hinreichend genau mit der theoretischen übereinstimmt, denn man will wissen, wie sich ein Ereignisverlauf in der Zukunft verhält. Ein Hypothesentest nach Kolmogorow-Smirnov soll beweisen, dass eine Population einer Normalverteilung folgt. Das hängt damit zusammen, dass dem Augenschein nach – dabei dieses wörtlich zu nehmen – Ereignisdaten sich nicht symmetrisch um einen Mittelwert verteilen, sondern unsymmetrisch. Das wird offensichtlich durch links- oder rechtschiefe – außerdem auch durch die steile, logarithmisch beeinflusste – Formgebung der Verteilung.

5.2 Rechts- und linksschiefe, steile Dichteverteilungen

Dabei geht es dann natürlich auch darum, diejenigen Ereignisse zu detektieren, die jenseits der Grenzwerte beobachtet werden.

© Springer Fachmedien Wiesbaden GmbH, ein Teil von Springer Nature 2018
M. Hellwig, *Der vierte Parameter, Kurtosis und die logarithmische Varianz,*
essentials, https://doi.org/10.1007/978-3-658-21859-1_5

Doch wo sind nun die Grenzwerte festzulegen, wenn Verteilungen nicht symmetrisch sind, oder fataler noch, die Schieflagen von Stichprobe zu Stichprobe von links um den Mittelwert auf die rechte Seite wandern (s. Abb. 5.1a, b)? Die meisten Prozesse unterliegen Beeinflussungen, die verhindern, dass eine konstante Streuung der Ereignisse beobachtet werden kann. Insofern darf die Normalverteilung überhaupt nicht zur Anwendung kommen. Auch andere Wissenschaftsbereiche hadern mit den bestehenden statistischen Analysewerkzeugen. So berichtet Julia Prahm in ihrer Diplomarbeit (2010) über die Untersuchung, dass sich sinngemäß, eine kombinierte Paretoverteilung besser zur Anpassung der Werte eignet, als die Gauß`sche Normalverteilung. Und Finanzanalytiker berichten von berechtigter, negativer Kritik an der Nutzung der Normalverteilung. Abhilfe schaffen können Betrachtungsweisen, wie sie von Mathematikern entwickelt wurden, die konkreten Anlass darin sahen, die Normalverteilung zu ergänzen oder zu ersetzen. Auch der Autor sah sich veranlasst, verschiedene Tests durchzuführen, welche die eine oder andere Wahrscheinlichkeitsdichtefunktion in Betracht ziehen könnte. Dabei wurde zunächst die Equibalancedistribution entwickelt, wie sie analytisch auch in dem vorangegangenem *essential* von Hellwig (2017) behandelt wurde. Offensichtlich wurde für Urwerte logarithmischer Natur, dass diese weitaus steiler ausfallen als diejenigen, die der mathematisch, parabolischen Grundlage der Eqb folgen. Die Unterschiede werden in den Grafiken 5.1a und 5.1b ersichtlich. Der Untersuchungsgegenstand sind Messwerte aus dem Kapitalmarkt, den Kursveränderungen, die notwendig sind, um frühzeitig auf Kurseinbrüche reagieren zu können. Ausschlaggebend für den Ersatz der Normalverteilung durch eine

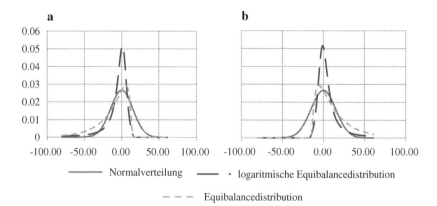

Abb. 5.1 **a** Schiefe Verteilungen rechtssteil **b** Schiefe Verteilungen linkssteil

andere Wahrscheinlichkeitsdichtefunktion ist das Erscheinen so genannter „dicker Schwänze", einer „heavy tail" Verteilung wie sie sich dann offenbart, wenn Ereignisserien dazu tendieren Messwerte zu liefern, welche die zulässige Anzahl vom Soll überschreiten. Wachstumsprozesse können mit Exponentialfunktionen theoretisch durchleuchtet werden, oft folgen sie einem Logarithmus.

5.3 Stochastische Systeme (logarithmische Verteilungsformen)

Nicht alle Verteilungsformen verlieren an Gültigkeit, wenn die Mengenbildung für Messungen aus Beobachtungsgebieten wie z. B. aus der Finanzwelt stammen. Die Normalverteilung ist dort, wie die nahe Vergangenheit zeigte (Börsencrash, „wilder Zufall") allerdings nicht verwendbar. Risiken werden unterschätzt, wenn die angewendete Stochastik versagt, logarithmische Verteilungen erscheinen flachgipflig oder steilgipflig (s. Abb. 5.2, 5.3 und 5.4). Praktiker stehen oft vor der „Qual der Wahl", wenn es darum geht, eine probate Verteilungsform für den Gegenstand der Untersuchung zu finden. Oft zeigen sich Messdaten in normalverteilter, möglicherweise in leicht links- oder rechtsschiefer Gestalt. Finanzdaten aus Aktienkursen zeigen oft sehr steile Anstiege und sehr weitläufige Enden, die mit denen aus anderen Wissenschaften nichts Gemeinsames zu scheinen haben. Oft haben diese aber dafür deutliche symmetrische Formen. In den folgenden Darstellungen sind nacheinander Überlagerungen von Symmetrie, Schiefe und Kurtosis, sowie Kombinationen der Varianz davon dargestellt.

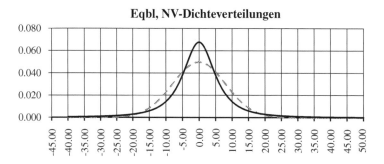

Abb. 5.2 Dichten unter symmetrischer Varianz (gestrichelt), logarithmisch, normalverteilt

5.3.1 Stochastische Systeme (logarithmisch und normalverteilte, symmetrische Verteilungen)

s. Abb. 5.2

5.3.2 Stochastische Systemen (logarithmisch- und schiefverteilte, asymmetrische Verteilungen)

s. Abb. 5.3

5.3.3 Stochastische Systemen (logarithmisch- und schiefverteilte, steile asymmetrische Verteilungen)

s. Abb. 5.4

Die drei Schaubilder (5.2, 5.3, 5.4) zeigen deutliche Unterschiede in den erkennbaren Mustern. Daher verfügen sie auch über ein differenzierteres mathematisches Konstrukt um den Messergebnissen und den daraus ermittelten Häufigkeitsverteilungen aus den Stichproben gut annähern zu können.

Wurde noch in dem vorangehenden *essential* Titeln „Der dritte Parameter und die asymmetrische Varianz" ausschließlich die Schiefe betrachtet, so wird in der Vorbereitung der logarithmischen.

Variante der Steilheit – in Verbindung mit der Schiefe – Rechnung getragen, dieses um dem Anteil an extremen Werten gerecht zu werden und damit der

• Extremwerttheorie und der Berechnung von „wilden Zufällen" Unterstützung zu geben.

Eqbl, Eqb-Dichteverteilungen

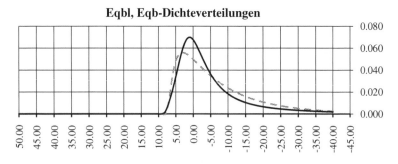

Abb. 5.3 Dichteverteilungen unter asymmetrischer Varianz

Eqbl, Eqb-Dichteverteilungen

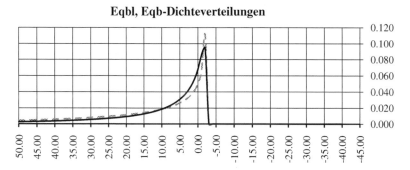

Abb. 5.4 Dichteverteilungen unter steiler, asymmetrischer Varianz

Dabei wird der Abb. 4.1, da offensichtlich und in der Finanzwelt als auch in der Erdbebenstatistik bekannt, das Hauptaugenmerk gewidmet.

In Anlehnung an das Gedankenexperiment zur parabolisch beeinflussten Equibalancedistribution Eqb liegt die Antwort in dieser Ausführung:

- entspricht die symmetrische Streuung der Verteilung von Kugeln auf einem symmetrischen Galton-Brett (s. Abb. 5.5), …
- … so entspricht die steile Streuung, dem Prinzip eines Galton-Bretts (s. Abb. 5.6a, b) dieser Ausführung

Abb. 5.5 Galtonbrett mit normalverteilter Streuung/ parabolischer Varianz,

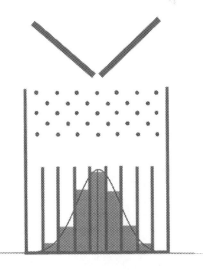

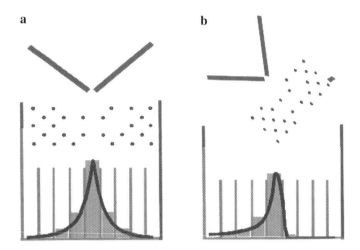

Abb. 5.6 Galtonbrett mit **a** mit steiler Streuung/logarithmischer Varianz, **b** dergleichen mit Schiefe

Die logarithmische Funktion Eqbl ersetzt die Gauß`sche Normalverteilung – ohne auf die Parameter der Lage und Erwartungswert zu verzichten – da sie sowohl rechts- als auch linksschiefe Varianzen berücksichtigt ohne die Dichte von 1 zu überschreiten.

Nun kommt ein weiterer Parameter κ für Kurtosis hinzu, der unter anderem extreme Varianzen – unter Beteiligung von Schiefen zulässt.

Dieser zusätzliche Parameter Kin Verbindung mit dem Schiefeparameter der ρ der Eqb.

erschließt der Wissenschaft die erweiterte

• Wahrscheinlichkeitsdichtefunktion Eqbl,

die logarithmische Version der Equibalancedistribution, wie sie hier formuliert mit den zusätzlichen Parametern ρ (schiefe), κ (kurtosis) ist:

$$Eqb(x; \mu, \sigma, \rho) =$$

$$Eqbl(x; \mu, \delta, \rho, \kappa) = \frac{1}{\left(\delta\sqrt{2\pi}\,(\rho/\kappa)\right)} * e^{-4\log\left(1+\left(\frac{1}{2}*(\kappa/\rho)\right)\right)\left(\frac{x-\mu}{\delta}\right)^2}, \text{ für } \rho = (1 - r\%(x - \mu)) \quad (5.1)$$

Eben da sie die Parameter Schiefe und Kutosis berücksichtigt, kann sie diese logarithmische Variante der Normalverteilungsfunktion ersetzen

$$\text{NVlog} = \frac{1}{\left(\delta\sqrt{2\pi}x\right)} * e^{1/2((ln(x)-\mu)/s)^2}; \; x > 0 \tag{5.2}$$

Vorstellung der logarithmischen Equibalancedistribution, Eqbl

Ihre Warscheinlichkeitsdichte bleibt in „Schieflagen" bei 1 und schließt die Normalverteilung in symmetrischem Fall ein (s. Abb. 6.1).

6.1 Entwicklung der Eqbl

Die ursprüngliche Formel Eqb kann logarithmisch verlaufenden Häufigkeitsverteilungen kein theoretisches Pendant entgegensetzen. Der Vollständigkeit aber sei an dieser Stelle ihre Analyse aus dem vorangegangenen und oben aufgeführten *essential* wiederholt, damit danach erläutert werden kann, worauf sich ein verkürzter Nachweis der Dichte durch Konvergenzvergleiche zwischen Normalverteilung und Eqbl stützt.

6.2 Analysis der Eqb

Untersucht wird die mathematische Funktion Equibalancedistribution Eqb: Wir betrachten eine parametrische von Funktionen auf $\mathbb{R}$, die die Dichten von Normalverteilungen enthalten. Wir zeigen, dass alle Dichten in dieser Familie selbst Dichten von Verteilungen sind.

© Springer Fachmedien Wiesbaden GmbH, ein Teil von Springer Nature 2018
M. Hellwig, *Der vierte Parameter, Kurtosis und die logarithmische Varianz*,
essentials, https://doi.org/10.1007/978-3-658-21859-1_6

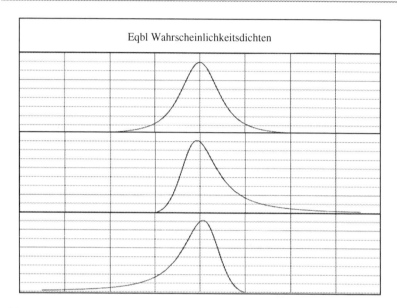

Eqbl Wahrscheinlichkeitsdichten

Abb. 6.1   Eqbl

6.2.1   Familie von Dichten

Für $r \in \mathbb{R}$ und $\sigma^2 > 0$ betrachten wir die Funktionen $f\left(\rho; \mu, \sigma^2\right) : \mathbb{R} \to \mathbb{R}$.

$$f\left(\rho; \mu, \sigma^2\right)(x) = \begin{cases} \dfrac{1}{\sqrt{2\pi\sigma^2(1-\rho(x-\mu))}} \, exp^{\frac{(x-\mu)^2}{\sqrt{2\pi\sigma^2(1-\rho(x-\mu))}}}, x < \dfrac{1}{\rho} + \mu \\ 0, x \geq \dfrac{1}{\rho} + \mu \end{cases}$$

In dem Fall $\rho = 0$ stimmt $f\left(\rho; \mu, \sigma^2\right)$ mit der Normalverteilung mit den Parametern μ und σ^2 überein. (Wir fassen zur Konstanz 1/0 als ∞ auf).

Wir beschränken uns bei der Analyse der Funktion zunächst auf den Fall $\mu = 0$ und $\sigma^2 = 1$ und setzen $f(\rho) = f(\rho; 0, 1)$.

Theorem 1 bei der Die Familie $\{f\rho : \rho \in \mathbb{R}\}$ ist eine Familie von Dichten von Wahrscheinlichkeitsverteilungen auf $\mathbb{R}$.

(i)   Für $\rho = 0$ handelt es sich bei der Verteilung um die Standardnormalverteilung

(ii)   Für $\rho > 0$ ist die Verteilung gegeben durch

$$F_\rho^+(x) = \begin{cases} \phi\left(\frac{x}{\sqrt{1-\rho x}}\right) + e^{\frac{2}{\rho^2}} \phi\left(\frac{x}{\sqrt{1-\rho x}} - \frac{2}{\sqrt{1-\rho x}}\right), x < \frac{1}{\rho} \\ 1, x \geq \frac{1}{\rho}\mu \end{cases}$$

(iii) Für $\rho < 0$ ist die Verteilung gegeben durch

$$F_\rho^-(x) = \begin{cases} 0, x \geq \frac{1}{\rho} \\ \phi\left(\frac{x}{\sqrt{1-\rho x}}\right) + e^{\frac{2}{\rho^2}} \phi\left(\frac{x}{\sqrt{1-\rho x}} - \frac{2}{\sqrt{1-\rho x}}\right), x > \frac{1}{\rho}\rho \end{cases}$$

Beweis: Für jedes $\rho \in \mathbb{R}$ ist $f(\rho)$ nicht negativ. Für $\rho > 0$ ist $f(\rho)$ auf dem Intervall $(-\infty, 1/\rho)$ definiert. Für $\rho < 0$ ist $f(\rho)$ auf dem Intervall $(1/\rho, +\infty)$ definiert. Für $\rho = 0$ handelt es sich bei der Funktion $f(\rho)$ um die Dichte der Standardnormalverteilung.

Wir zeigen nun, dass $f(\rho)$ für jedes $\rho \in \mathbb{R}$ die Dichte einer Wahrscheinlichkeitsverteilung auf $\mathbb{R}$ ist. Wir bezeichnen im Folgenden mit φ und Φ die Dichte beziehungsweise die Verteilungsfunktion der Standardnormalverteilung. Damit ist *(i)* klar.

Für (ii) und (iii) ist nun zu zeigen, dass $f(\rho)$ jeweils die Ableitung F_ρ^+ und von F_ρ^- ist und dass beide letztere Funktionen Verteilungsfunktionen sind. Offensichtlich sind die Funktionen stetig und monoton wachsend auf $\mathbb{R}\setminus\{1/\rho\}$.

(ii) *Betrachten wir zunächst den Fall $\rho > 0$. Es gilt*

$$\lim_{x \nearrow \frac{1}{\rho}} F_\rho^+(x) = \lim_{x \nearrow \frac{1}{\rho}} \left(\left(\frac{x}{\sqrt{1-\rho x}}\right) + e^{\frac{2}{\rho^2}} \Phi\left(\frac{x}{\sqrt{1-\rho x}} - \frac{2}{\rho\sqrt{1-\rho x}}\right) \right)$$

$$= \Phi(\infty) + e^{\frac{2}{2}} \Phi(-\infty) = 1 + 0$$

Also ist F_ρ^+ stetig in $1/\rho$ und damit auf ganz $\mathbb{R}$. Ferner gilt $\lim_{x \nearrow -\infty} F_\rho^+(x) = 0$.

Durch Ableiten nach x überzeugt man sich leicht davon, dass F_ρ^+ die Verteilungsfunktion einer Wahrscheinlichkeitsverteilung ist, deren Dichte durch $f(\rho)$ gegeben ist. Es gilt nämlich

$$\frac{d}{dx} F_\rho^+(x) = \left(\left(\frac{\rho x}{2(1-\rho x)^{\frac{3}{2}}}\right) + \left(\frac{1}{(1-\rho x)^{\frac{1}{2}}}\right) \varphi\left(\frac{x}{\sqrt{1-\rho x}}\right) \right)$$

$$- e^{\frac{2}{r^2}} \left(\frac{\rho x}{2(1-\rho x)^{\frac{3}{2}}}\right) \varphi\left(\frac{x}{\sqrt{1-\rho x}} - \frac{2}{\rho\sqrt{1-\rho x}}\right)$$

$$= f\rho(x) + \frac{\rho x}{2(1-\rho x)^{\frac{3}{2}}}\left(\varphi\left(\frac{x}{\sqrt{1-\rho x}}\right) - e^{\frac{2}{\rho^2}}\varphi\left(\frac{x}{\sqrt{1-\rho x}} - \frac{2}{\rho\sqrt{1-\rho x}}\right)\right)$$

$$= f\rho(x)$$

Hier haben wir benutzt, dass $f\rho(x) = \frac{1}{\sqrt{1-\rho x}}\varphi\left(\frac{x}{\sqrt{1-\rho x}}\right)$ ist. Die letzte Gleichung im Display folgt wegen

$$\varphi\left(\frac{x}{\sqrt{1-\rho x}}\right) = -e^{\frac{2}{\rho^2}}\varphi\left(\frac{x}{\sqrt{1-\rho x}} - \frac{2}{\sqrt{1-\rho x}}\right)$$

$$= \frac{1}{\sqrt{2\pi}}\left(exp\left(-\frac{x^2}{2(1-\rho x)}\right) - exp\left(\frac{2}{\rho^2} - \frac{1}{2}\left(\frac{x^2}{(1-\rho x)} - \frac{4x}{\rho(1-\rho x)} + \frac{4}{\rho^2(1-\rho x)}\right)\right)\right)$$

$$= \frac{1}{\sqrt{2\pi}}\left(exp\left(-\frac{x^2}{2(1-\rho x)}\right)\left(1 - exp(\frac{2}{\rho^2} + \frac{2x}{\rho(1-\rho x)} - \frac{2}{\rho^2(1-\rho x)}\right)\right)$$

$$= \frac{1}{\sqrt{2\pi}}\left(exp\left(-\frac{x^2}{2(1-\rho x)}\right)\left(1 - e^0\right)\right) = 0$$

(iii) Betrachten wir nun den Fall $\rho < 0$. Es gilt

$$\lim_{x \searrow \frac{1}{\rho}} F_\rho^-(x) = \lim_{x \searrow \frac{1}{\rho}}\left(\Phi\left(\frac{x}{\sqrt{1-\rho x}}\right) + e^{\frac{2}{\rho^2}}\Phi\left(\frac{x}{\sqrt{1-\rho x}} - \frac{2}{\rho\sqrt{1-\rho x}}\right)\right)$$

$$= \Phi(-\infty) + e^{\frac{2}{2}}\Phi(-\infty) = 0$$

Also ist F_ρ^- stetig in $1/\rho$ und damit auf ganz $\mathbb{R}$. Dass $f(\rho)$ die Ableitung von F_ρ^-, ist zeigt man analog zu dem Fall $\rho > 0$.

Lemma 1.1 Für jede Nullfolge (ρ_n) gilt

$$e^{1/(\rho_n^2)}\Phi\left(-1/|\rho_n|^{\frac{3}{2}}\right) \xrightarrow[\to]{n \to \infty} 0.$$

Beweis: Wir verwenden die folgende Abschätzung

$$1 - \Phi(x) \le 0.\frac{\Phi(x)}{x} \text{ für alle } x > 0$$

Damit erhalten wir

$$e^{1/(\rho_n^2)}\Phi\left(-1/|\rho_n|^{\frac{3}{2}}\right) = e^{1/(\rho_n^2)}\left(1 - \Phi\left(1/|\rho_n|^{\frac{3}{2}}\right)\right) \le |\rho_n|^{\frac{3}{2}}\frac{1}{\sqrt{2\pi}}\left(exp\left(1/(\rho_n^2) - \frac{1}{2|\rho_n|}\right)\right) \xrightarrow[\to]{n \to \infty} 0.$$

Lemma 1.2 Für $\rho \to 0$ konvergieren F_ρ^+ *und* F_ρ^- schwach gegen Φ. Mit anderen Worten gilt

$$\lim_{x \searrow 0} F_\rho^+(x) = \lim_{x \nearrow 0} F_\rho^-(x) = \Phi(x) \text{ für alle } x \in \mathbb{R}$$

Beweis: Sei $x \in \mathbb{R}$ und sei (ρ_n) eine Folge mit $(\rho_n) > 0$ für alle n und $(\rho_n) \to 0$ für $n \to \infty$. Für genügend große n ist dann $x < (1/\rho_n)$ und es gilt

$$F_{\rho n}^+(x) = \Phi\left(\frac{x}{\sqrt{1 - \rho_n x}}\right) + e^{\frac{2}{\rho^2}} \Phi\left(\frac{x}{\sqrt{1 - \rho_n x}} - \frac{2}{\rho_n \sqrt{1 - \rho_n x}}\right)$$

Der erste Summand konvergiert für $n \to \infty$ gegen $\Phi(x)$. Der zweite Summand verschwindet nach Lemma 1.2.

Analog sieht man, dass für jedes $x \in \mathbb{R}$ und jedes Nullfolge (ρ_n) mit $\rho_n < 0$ für alle n die Folge $F_\rho^-(x)$ gegen $\Phi(x)$ konvergiert.

6.2.2 Untersuchung auf Konvergenz

Untersucht wird die mathematische Funktion logarithmische Equibalancedistribution Eqbl:

Wir betrachten die ursprüngliche Gleichung $\sqrt{\pi} \approx 1,772453851 \approx \lim\limits_{x \to \infty} e^{-x^2}$ für $x \in \mathbb{R}$, sodass die Dichte einer Normalverteilung

$$1 \cong \frac{1}{\sqrt{2\pi}} \int_{-x}^{x} e^{\frac{-x^2}{2}} dx \tag{6.1}$$

Ist. Gleichermaßen entwickelt sich die logarithmische Version der Gleichung $1/\log(\sqrt{\pi}) \approx 4,022931735$, sodass die Dichte einer logarithmischen NV als Grundlage ist für eine Eqbl

$$1 \cong \frac{1}{\sqrt{2\pi}} \int_{-x}^{x} e^{(4*\log(1+(-x^2/2)))} dx \tag{6.2}$$

6.2.3   Konvergenzvergleiche NV/logarithmische NV

Eine Tab. 6.1 mag die Konvergenz der Eqb logarithmisch im Vergleich zur NV gegen 1 bestätigen.

Tab. 6.1   NV, NV logarithmisch

	NV $1 \cong \frac{1}{\sqrt{2\pi}} \int\limits_{-x}^{x} e^{-x^2/2}$	Eqb logarithmisch $1 \cong \frac{1}{\sqrt{2\pi}} \int\limits_{-x}^{x} e^{4*\log(1+(-x^2/2))}$
Σ	**1,000000005**	**0,990874022**
10	7,6946E-23	0,000431079
9	1,02798E-18	0,000616698
8	5,05227E-15	0,000918293
7	9,13472E-12	0,001437141
6	6,07588E-09	0,002396004
5	1,48672E-06	0,004338296
4	0,00013383	0,008774473
3	0,004431848	0,020642788
2	0,053990967	0,059165093
1	0,241970725	0,197246006
0	0,39894228	0,39894228
−1	0,241970725	0,197246006
−2	0,053990967	0,059165093
−3	0,004431848	0,020642788
−4	0,00013383	0,008774473
−5	1,48672E-06	0,004338296
−6	6,07588E-09	0,002396004
−7	9,13472E-12	0,001437141
−8	5,05227E-15	0,000918293
−9	1,02798E-18	0,000616698
−10	7,6946E-23	0,000431079

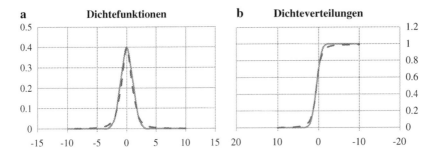

Abb. 6.2 a, b durchgezogen Eqb, gestrichelt Eqbl

6.2.4 Dichteverlaufsvergleiche logarithmische NV/NV

Schaubilder Abb. 6.2a, b, stellen den grafischen Verlauf von Dichtefunktionen und der Summenbildung der Dichteverteilungen dar.

6.3 Funktion Eqbl

Wird die Funktion Eqbl um die weiterhin zu berücksichtigenden Parameter Erwartungswert, Varianz, und der Schiefe – wie sie im *essential* „Der Dritte Parameter und die asymmetrische Varianz" dargestellt wurde – ergänzt und der Parameter für die Kurtosis eingeführt, so ist die neue, vollständige logarithmische Funktion Eqbl diese:

$$Eqbl(x; \mu, \delta, \rho, \kappa) = 1/\left(\delta\sqrt{2\pi} * (\rho/\kappa)\right)e^{-4\log\left(1+\left(\frac{1}{2}*(\kappa/\rho)\right)\right)\left(\frac{x-\mu}{\delta}\right)^2}, \text{für } \rho = (1 - r\%(x - \mu)) \quad (6.3)$$

6.4 Grenzwerte

Es ist nicht zwingend einsehbar, dass die aufgeführte Funktion gegen einen Grenzwert konvergiert, daher seien im Folgenden die essentiellen dafür aufgeführt, sodass gesichert erscheint, dass die Dichte sich dem Wahrscheinlichkeitswert 1 nähert.

Ein Grenzwert ist für

$$Eqbl(x; \delta, \rho, \kappa) = \frac{1}{\left(\delta\sqrt{2\pi} * \left(\frac{\rho}{\kappa}\right)\right)} \quad (6.4)$$

nicht definiert, ferner gilt für

$$Eqbl(x; \mu, \delta, \rho, \kappa) = e^{-4\log\left(1+\left(\frac{1}{2}*\left(\frac{\kappa}{\rho}\right)\right)\right)\left(\frac{x-\mu}{\delta}\right)^2} \tag{6.5}$$

1. der Grenzwert

$$\lim_{n \to \infty} \frac{1}{e^{4\log\left(\frac{\kappa(x-\mu)^2}{2\rho\delta^2}\right)}} + 1 = 1 \tag{6.6}$$

als auch
2. der Grenzwert

$$\lim_{n \to -\infty} \frac{1}{e^{4\log\left(\frac{\kappa(x-\mu)^2}{2\rho\delta^2}\right)}} + 1 = 1 \tag{6.7}$$

Wie bereits beschrieben sind die Annahmen für die Funktionen Eqb und Eqbl differenziert zu betrachten, denn die damit zu beurteilenden Häufigkeitsverteilungen können unterschiedliche sein im Aufbau ihrer Population.

In den folgenden Unterkapiteln werden daher Tabellenwerke zu Funktionsvergleichen der Eqb und der Eqbl dargestellt, die sich aus Berechnungen mittels MS-Excel® ergaben.

6.4.1   Funktionsvergleiche Eqb/logarithmische Eqbl rechtssteil

Die Auswirkungen der Berücksichtigung der vor genannten Parameter seien wie folgt grafisch an der Tab. 6.2 und 6.3 an den Abb. 6.3a, b und 6.4a, b dargestellt:

Tab. 6.2 Eqb (blau), Eqbl (rot)

P =	0,98735464					Eqb	Eqbl
δ =	2		ρ =	12 %			
μ =	0		κ =	4			
0	0	0	−0,2	10		0,00E+00	0,00E+00
0	0	0	−0,1	9		0,00E+00	0,00E+00
1,802E-05	1,802E-05	1,802E-05	0,04	8		4,88E-88	6,37E-06
0,000157807	0,00017583	0,000157807	0,16	7		4,18E-18	5,58E-05
0,00053048	0,00070631	0,00053048	0,28	6		1,40E-08	1,88E-04
0,001511108	0,00221741	0,001511108	0,4	5		4,51E-05	5,34E-04
0,004297507	0,00651492	0,004297507	0,52	4		2,09E-03	1,52E-03
0,013367518	0,01988244	0,013367518	0,64	3		1,52E-02	4,73E-03
0,048698743	0,06858118	0,048698743	0,76	2		4,19E-02	1,72E-02
0,194639236	0,26322042	0,194639236	0,88	1		6,52E-02	6,88E-02
0,39894228	0,6621627	0,39894228	1	0		7,05E-02	1,41E-01
0,198534807	0,86069751	0,198534807	1,12	−1		5,96E-02	7,02E-02
0,067543224	0,92824073	0,067543224	1,24	−2		4,23E-02	2,39E-02
0,027048717	0,95528945	0,027048717	1,36	−3		2,64E-02	9,56E-03
0,013021596	0,96831104	0,013021596	1,48	−4		1,50E-02	4,60E-03
0,007195231	0,97550627	0,007195231	1,6	−5		7,91E-03	2,54E-03
0,004393564	0,97989984	0,004393564	1,72	−6		3,93E-03	1,55E-03
0,002888514	0,98278835	0,002888514	1,84	−7		1,86E-03	1,02E-03
0,002008721	0,98479707	0,002008721	1,96	−8		8,50E-04	7,10E-04
0,001459456	0,98625653	0,001459456	2,08	−9		3,76E-04	5,16E-04
0,001098117	0,98735464	0,001098117	2,2	−10		1,62E-04	3,88E-04

6.4.2 Funktionsvergleiche Eqb/logarithmische Eqbl linkssteil

Tab. 6.3 Eqb, Eqbl

P =	0,98689104				Eqb	Eqbl
δ =	2		ρ =	−24 %		
μ =	−7		κ =	4		
0,000496646	0,00049665	0,000496646	5,08	10	2,55E-05	1,76E-04
0,000574891	0,00107154	0,000574891	4,84	9	4,31E-05	2,03E-04
0,00067206	0,0017436	0,00067206	4,6	8	7,27E-05	2,38E-04
0,000794538	0,00253813	0,000794538	4,36	7	1,23E-04	2,81E-04
0,000951564	0,0034897	0,000951564	4,12	6	2,06E-04	3,36E-04
0,001156868	0,00464657	0,001156868	3,88	5	3,46E-04	4,09E-04
0,001431488	0,00607806	0,001431488	3,64	4	5,80E-04	5,06E-04
0,001808829	0,00788689	0,001808829	3,4	3	9,68E-04	6,40E-04
0,0023442	0,01023108	0,0023442	3,16	2	1,61E-03	8,29E-04
0,003133841	0,01336493	0,003133841	2,92	1	2,67E-03	1,11E-03
0,004355545	0,01772047	0,004355545	2,68	0	4,38E-03	1,54E-03
0,006362704	0,02408317	0,006362704	2,44	−1	7,14E-03	2,25E-03
0,00992453	0,0340077	0,00992453	2,2	−2	1,15E-02	3,51E-03
0,01691721	0,05092491	0,01691721	1,96	−3	1,82E-02	5,98E-03
0,032609604	0,08353452	0,032609604	1,72	−4	2,80E-02	1,15E-02
0,07425652	0,15779104	0,07425652	1,48	−5	4,14E-02	2,63E-02
0,19888978	0,35668082	0,19888978	1,24	−6	5,73E-02	7,03E-02
0,39894228	0,7556231	0,39894228	1	−7	7,05E-02	1,41E-01
0,190148882	0,94577198	0,190148882	0,76	−8	6,86E-02	6,72E-02
0,035665762	0,98143774	0,035665762	0,52	−9	3,74E-02	1,26E-02
0,005453296	0,98689104	0,005453296	0,28	−10	2,40E-03	1,93E-03

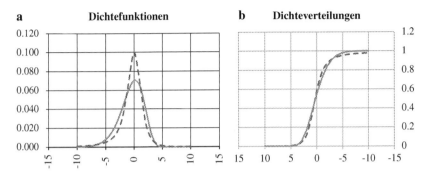

Abb. 6.3 a, b Eqb, gestrichelt Eqbl, für $\delta = 2$, $\mu = 0$, $\rho = 12\ \%$, $\kappa = 2$

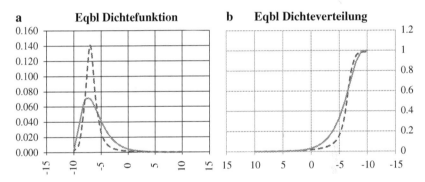

Abb. 6.4 a, b durchgezogen Eqb, gestrichelt Eqbl, für $\delta = 2$, $\mu = -7$, $\rho = -24\ \%$, $\kappa = 4$

6.5   Parameterschätzungen aus Stichproben

Zahlenwerte aus den Parameterschätzungen sind die Übergabeparameter an die vorgestellten Funktionen Eql und Eqbl. Da geschätzt,unterliegen sie Unschärfen, die, je geringer die Anzahl der Messungen aus Stichproben ist, desto größer ist ihr Wert ausfällt.

Dazu sei hier an das „Gesetz der großen Zahlen" und an den „Zentralen Grenzwertsatz" erinnert, als Grundlage für die folgenden Schätzparameter:

geschätzter Mittelwert:

$$\widehat{\mu}^2 = \bar{x} = \frac{1}{n} \sum\nolimits_{i=1}^{n} (x_i) \tag{6.8}$$

geschätzte logarithmische Streuung:

$$\widehat{\sigma}^2 = s_n^2 = \frac{1}{n-1} \sum\nolimits_{i=1}^{n} ((x_i) - \bar{x}) \tag{6.9}$$

geschätzte logarithmische Schiefe:

$$\widehat{\rho} = \log \frac{1}{n} \sum\nolimits_{i=0}^{n} ((x_i - \bar{x})/s)^3 \tag{6.10}$$

geschätzte logarithmische Kurtosis:

$$\widehat{\kappa} = \left(\frac{n(n+1)}{(n-1)(n-2)(n-3)} \sum\nolimits_{i=o}^{n} \log(1 + ((x_i) - \bar{x})/s)^4 \right) - \frac{3(n-1)^2}{(n-2)(n-3)} \tag{6.11}$$

Hinweis: Einschlägige Literatur weist auf die Ermittlung von Stichprobenumfänge hin, die notwendig sind, um signifikante Ergebnisse zu erhalten.

6.6 Approximierung der Eqbl an eine Häufigkeitsverteilung aus einer Kursentwicklung

Warscheinlichkeitsdichteverteilungen sollen mit Häufigkeitsverteilungen, die aus Stichproben der realen Welt entstammen, verglichen werden. Aus diesem Zusammenhang soll auf das Gesamtverhalten des untersuchten Prozesses, der Grundgesamtheit, geschlossen werden. Dazu werden dem Erwartungswert der Funktion der arithmetische Mittelwert und der Standardabweichung die Streuung der Häufigkeitsverteilung, sowie nunmehr der Schiefe und der Steilheit (Kurtosis) aus den Parameterschätzungen gegenübergestellt.

Daraus entsteht der Graph in Abb. 6.5. Er stellt das Idealbild einer aus der Eqbl resultierenden modellierten Dichteverteilung einer Stichprobenverteilung gegenüber.

Daraus folgt, dass die Annahmen, die für eine Normalverteilung gelten, an Gültigkeit verlieren, wenn die Neigung der Streuung ungleich Null ist, $\rho \neq 0$. In entsprechender Weise verschieben sich die Grenzwerte an den „Schwänzen" der Verteilungen („heavy Tail").

Eine entsprechende Dichteverteilung stellt sich wie folgt dar, s. Abb. 6.6.

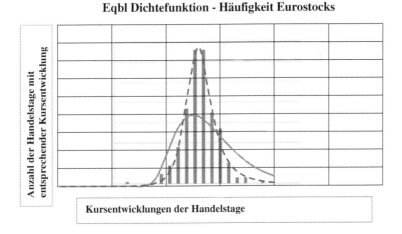

Abb. 6.5 Eqbl modelliert gestrichelt; Eqb durchgezogen und Stichprobe Histogramm

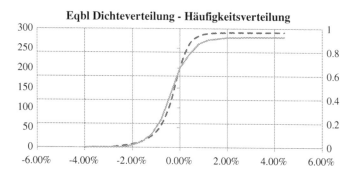

Abb. 6.6 Dichtverteilungen Eqbl modelliert gestrichelt; Eqb durchgezogen und Stichprobe Eurostocks blaues Histogramm

6.7   Modellierung Kurseinbruch, Stichprobenentnahme

Sollen Kursverläufe detaillierter beobachtet werden, und sollen aus Stichprobenentnahmen vorzeitig Kursveränderungen/Kurseinbrüche detektiert werden, dienen die zusätzlich berücksichtigten Parameter – Schiefe und Kurtosis – der objektiven Modellierung, welches an einer Beispielgrafik, Abb. 6.7 für eine Stichprobe der Größe 27 demonstriert sei.

Zur Veranschaulichung der Zusammenhänge und Differenzen zum Einsatz der Normalverteilung seien die extremen Unterschiede in der Abb. 6.8 grafisch

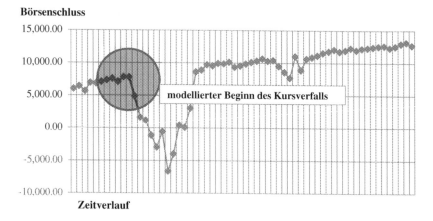

Abb. 6.7 Modellierter Beginn des Kursverfalls mit einer Stichprobe von 27 Ereignissen

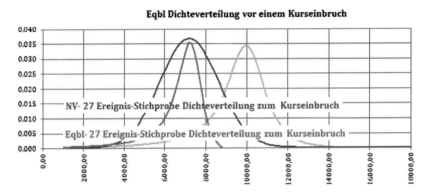

Abb. 6.8   27 Eqbl – Ereignis-Stichprobe, Eqb – Dichteverteilung der Datenentnahme, 27
NV – Ereignis-Stichprobe

dargestellt, und damit die Frage nach der Sinnhaftigkeit der Verwendung der Normalverteilung aufgeführt.

6.8   Approximierung der Eqbl an eine Häufigkeitsverteilung aus der Medizin, Herzfrequenzvariabilität

Dargestellt sind 6.9a ein Herzfrequenzmuster unter Belastung, 6.9b eines ohne
Belastung. Für Bild a wird die Normalverteilung keine Anwendung finden, wohl
aber für das Abbild in b.

Ziel der Mathematik in dieser Arbeit ist das Zusammenführen beider Zustände
in einer Formel, die beide Verteilungen in sich vereinigt. Die darauf entwickelte
Herzfrequenzkotrollsoftware möge in Defibrillatoren frühzeitig auf Außernormalitäten reagieren (s. Abb. 6.9a, b).

6.8.1   Aufzeichnung Herzfrequenz

An einem konkreten Fall, s. Abb. 6.10, soll gezeigt werden, dass Stichprobenauswertungen bei der Beobachtung von Herzfrequenzmustern mit einer Normalverteilung allein zu falschen Eindrücken führt. Dargestellt ist der Fall einer aus

a   b

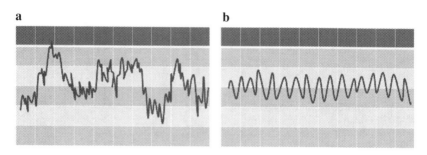

Abb. 6.9 Variables Herzfrequenzmuster **a** unter Belastung, **b** ohne Belastung

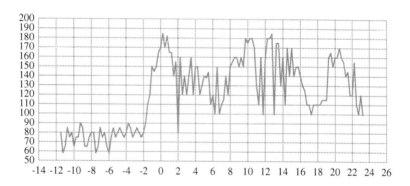

Abb. 6.10 Herzfrequenzmuster unter sprunghaft ansteigender Belastung

einer normalen Herzfrequenz zu beobachtenden sprunghaft ansteigenden
erhöhten Herzfrequenz eines Patienten aufgrund der Gabe eines ungeeigneten
Stickstoff-Sauerstoff-Gemischs. Das nachempfundene CTG-Muster zeigte eine
initiale Bradykardie und einen Variabilitätsverlust.

6.8.2   Beobachtung Herzfrequenz über Stichprobenaufzeichnung

Ein normalverteiltes Verhalten der Herzfrequenz zeigt sich zu Anfang der Auf-
zeichnung, dann wurde eine von kontinuierlich gezogenen Stichproben beobachtet, welche duch die Eqb als auch durch die Eqbl als rechtssteil abgebildet ist,
Abb. 6.11. Eine Auswertung über eine Normalverteilung zeigt nahezu keine ein-
deutige Änderung, sodass falsche Schlüsse gezogen würden.

Eine extremwertige Herzfrequenz verblieb bis zur Normalisierung in der Form der Eqb/Eqbl wie in Abb. 6.12 dargestellt vorhanden, das Abklingen der Extremwerte kann auch hier nicht mit einer Stichprobenauswertung über die Normalverteilung nachvollzogen werden.

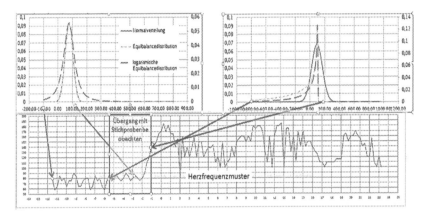

Abb. 6.11 Pulsfrequenz – Herzfrequenzmuster, Übergangsstichprobe unter Beobachtung verschiedener Verteilungsfunktionen

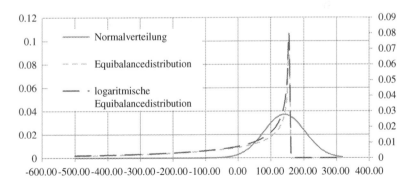

Abb. 6.12 Pulsfrequenz – Herzfrequenzmuster, Stichprobe unter Beobachtung des weiteren Verlaufs

6.9   Verkehr/Pünktlichkeit

Kunden erwarten eine Pünktlichkeit von 100 %. Das bezieht sich in jedem Fall auf die Pünktlichkeit der Bahn, da Nervosität aufkommt, wenn Umsteigen notwendig ist. Leider sind die meisten Ankünfte nicht so pünktlich wie vorgegeben. Die mittlere Abweichung – man legt die Verteilung einer Normalverteilung zugrunde – sollte kleiner als 10 min sein.

Aufgrund der tatsächlichen Beeinträchtigungen im Fahralltag der Bahn kann diese Modellvorstellung auf keinen Fall standhalten. Den Qualitätsmanagern der Bahn reicht das grundlegende Statistikwissen nicht mehr um allen Pünktlichkeitsanforderungen – bei entsprechender Datenverfügbarkeit – gerecht zu werden.

Grundsätzlich sind alle Anstrengungen aus eigenem Antrieb die Pünktlichkeit aufrecht zu erhalten behindert durch äußere Umstände, wie Personenschäden, Unwetterursachen, aber auch systeminterne, betriebliche Störungen, wie Bauarbeiten an der Strecke, verzögerte Bereitstellung von Züge, Verzögerungen durch vorangegangene, verspätete Zugläufe. Man nennt diese Fälle „verlorene Einheiten", im englischen „lost units". Die folgende Grafik, ein Auszug aus einer anonymisierten Zugnummer demonstriert, dass die Pünktlichkeit ein hohes Maß erreicht hat, die genannten Störungen aber der Anwendung einer Normalverteilung abträglich sind (s. Abb. 4.4).

Aus einem Datensatz der Urwerte wird die Häufigkeitsverteilung erstellt, wie in Abb. 6.13 und 6.14 dargestellt.

Entsprechend der Aufzählung klassifizierter Daten (Pivot Tabelle) und der Ermittlung der Schätzer für Mittelwert, Streuung, Schiefe und Kurtosis, Tab. 6.4 kann die neue Funktion ein präzises, theoretisches Abbild über die Häufigkeitsverteilung einer Stichprobe legen, Abb. 6.14.

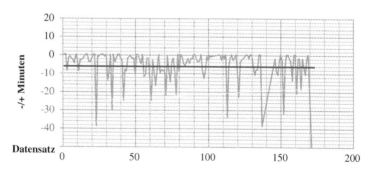

Abb. 6.13 Urwerte und Verteilung

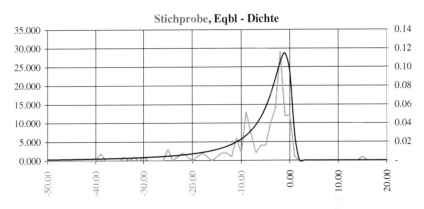

Abb. 6.14 Theoretisches Abbild der Eqbl Wahrscheinlichkeitsdichte, Häufigkeitsverteilung

Tab. 6.4 Ermittlung der Schätzer für Mittelwert, Streuung, Schiefe und Kurtosis

Werte aus Pivot Tabelle	Anzahl Datensätze	Summe Wertequadrate	Modalwert Klassenbreite
	173,00	2683,0043	1
Streuung = Standardabweichung	10,2991	Kurtosis	9,996438
Mittelwert = Erwartungswert	−6,12582781	Schiefe	0,304058

Das Ergebnis der Stichprobenentnahme soll der stetigen Überwachung der Pünktlichkeit, sowie der Prozessoptimierung dienen.

Zu erkennen ist – will man Abweichungen Pünktlichkeit unter 10 min, bei einer prozentualen Erfüllung von mindestens 95 % gewährleisten, wie unter Abb. 6.15 in einem Grenzwert dargestellt – dass es notwendig ist, die Ursachen dafür zu beheben.

Für den dargestellten Fall einer Zugnummer kann bei Erreichen des 10-Minuten-Grenzwertes und der damit verbundenen Eliminierung der Hinderungsursachen ein Prozentsatz unter SixSigma Aspekt für unter Eqbl-basierten, errechneten Prozentsätzen eine Pünktlichkeit von 96 % erreicht werden, Tab. 6.5 und Abb. 6.16.

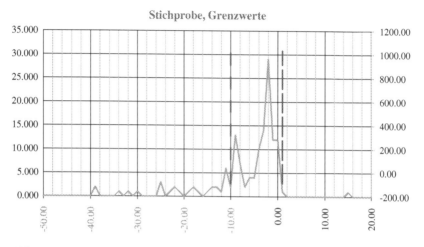

Abb. 6.15 Häufigkeitsverteilung und Grenzwerte

Tab. 6.5 Eqbl-basiert errechnete Prozentsätze unter SixSigma – Aspekt

MW	Standard-abweichung	Kurtosis	Anzahl	Min
–2,801587302	3,07251	9,559	111,000	–10,00
Max	**Schiefe**	**Klassenbreite**	**Summe –10 min**	**Summe**
–2,00	29,78374 %	1,000	107,000	107,000
Werte	**Werte**	**Abstand zwischen x werten**	**Prozentsatz eingehalten bei –10 min**	**Prozentsatz 6 Sigma = 9 min**
x	**y**	1,000	96 %	96 %
–10,00	2,00			
–9,00	13,00		13	13
–8,00	7,00		7	7
–7,00	1,00		1	1
–6,00	3,00		3	3
–5,00	4,00		4	4
–4,00	10,00		10	10
–3,00	14,00		14	14
–2,00	29,00		29	29
–1,00	12,00		12	12
0,00	12,00		12	12
1,00	1,00		1	1

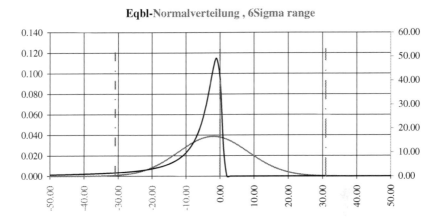

Abb. 6.16   Eqbl-basiert errechnete Prozentsätze unter SixSigma-Aspekt

Eigenschaften der Eqbl 7

Die logarithmische Equibalanceverteilung ist ein Typ stetiger Wahrscheinlichkeitsverteilungen (vgl. Abb. 7.1).

Die Schiefe der Verteilung wird durch den 3. Parameter ρ, die Kurtosis durch den 4. Parameter κ gegeben, eine stetige Zufallsvariable ist X mit der Wahrscheinlichkeitsdichte f: $\mathbb{R} \to \mathbb{R}$.

© Springer Fachmedien Wiesbaden GmbH, ein Teil von Springer Nature 2018   47
M. Hellwig, *Der vierte Parameter, Kurtosis und die logarithmische Varianz,*
essentials, https://doi.org/10.1007/978-3-658-21859-1_7

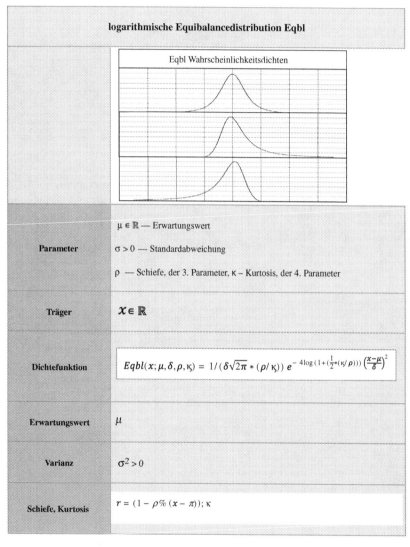

logarithmische Equibalancedistribution Eqbl

	Eqbl Wahrscheinlichkeitsdichten
Parameter	$\mu \in \mathbb{R}$ — Erwartungswert $\sigma > 0$ — Standardabweichung ρ — Schiefe, der 3. Parameter, κ – Kurtosis, der 4. Parameter
Träger	$x \in \mathbb{R}$
Dichtefunktion	$Eqbl(x; \mu, \delta, \rho, \kappa) = 1/(\delta\sqrt{2\pi} * (\rho/\kappa))\, e^{-4\log\left(1 + \left(\frac{1}{2} * (\kappa/\rho)\right)\right)\left(\frac{x-\mu}{\delta}\right)^2}$
Erwartungswert	μ
Varianz	$\sigma^2 > 0$
Schiefe, Kurtosis	$r = (1 - \rho\% (x - \pi)); \kappa$

Abb. 7.1 Eigenschaften der Eqbl

Beispiele

Ist von Kursschwankungen die Rede, so sind sie durch Preisschwankungen definiert die beim Handel mit Aktien und Anleihen an der Börse auftreten. Dabei regelt auch hier die Nachfrage das Angebot.

Gewinne oder/und Verluste lassen Kurse schwanken und selbstverständlich spielt die Stabilität des Zinssatzes in die Entwicklung der Preise. Werden die Kursdaten in einer Urwerttabelle dargestellt, so erscheint die Streuung der Werte des Graphen dazu als unterschiedlich im Vergleich zu einer normalverteilten Streuung. Gerne wird von „wildem Zufall" geschrieben, der aber relativiert werden kann, sobald es möglich ist die Parameter Erwartungswert, Varianz, Schiefe und Kurtosis zu objektivieren, was im Nachgang beschrieben werden soll.

Bisher werden die beiden letzten Parameter in unterschiedlichen Funktionen separat ausgeführt, mitunter wird auf den Parameter Varianz verzichtet. Die Eqbl hingegen ist bestrebt, alle Parameter zu erfassen, die der vollständigen Beschreibung der Näherung an eine Häufigkeitsverteilung dient.

Da Kursschwankungen logarithmisch verteilt sind sollte auch nur eine logarithmische Funktion dafür zur Anwendung kommen.

Über derzeitig betrachtete Modelle, wie zum Beispiel das Binomialmodell werden Aktienkurbeobachtungen vorbereitet an eine Approximation an die Normalverteilung. Dadurch entstehen Verzerrungen aus stochastischer Grundlage, die nicht der Modellierung dienen sollten.

© Springer Fachmedien Wiesbaden GmbH, ein Teil von Springer Nature 2018 49
M. Hellwig, *Der vierte Parameter, Kurtosis und die logarithmische Varianz,*
essentials, https://doi.org/10.1007/978-3-658-21859-1_8

8.1   Symmetrisch verteilte Kursschwankungen

An folgendem Beispiel ist aufgeführt und dargestellt, wie sich die Fachwelt über
die Verwendung der Normalverteilung zu Kursschwankungen äußert und wie sich
die Häufigkeitsverteilung anhand eines Histogramms und den Kursschwankungen
dazu abbildet (s. Abb. 8.1a, b).

Dazu berichtet der Risikomanager (Gammelin und Kloy 2006):

> Extreme Kursausschläge am Aktienmarkt kommen zu häufig vor, als dass sie mit
> dem Zufall der Normalverteilung erklärbar wären. Gelten aber nicht die Gesetze der
> Normalverteilung, hat das Auswirkungen auf Optionspreise, die nach Black/Scho-
> les berechnet werden und auf Risikomodelle, die auf der geometrisch Brown'schen
> Bewegung der Kurse basieren.

Legt man darüber einen Normalverteilung mit den notwendigen Parametern Mittelwert und Standardabweichung, so erhält man das folgende Trugbild dazu in Abb. 8.2.

Die Ursache dafür liegt in dem Umstand, dass Kursveränderungen den Funktionen von Wachstumsprozessen folgen und damit nicht parabolisch, sondern logarithmisch geprägt sind.

Das äußert sich in Abb. 8.3, bei der die „dicken Schwänze" der Funktion Eqbl
Beachtung finden – nicht so bei der Normalverteilung.

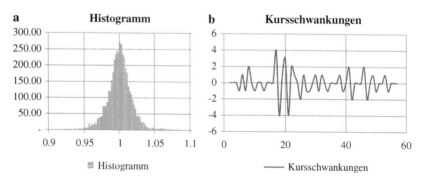

Abb. 8.1   a Histogramm der Häufigkeitsverteilung der Kursveränderungen, b Kursschwankungen

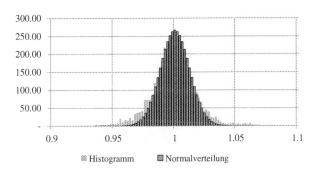

Abb. 8.2   Histogramm der Häufigkeitsverteilung der Kursveränderungen mit Normalverteilung

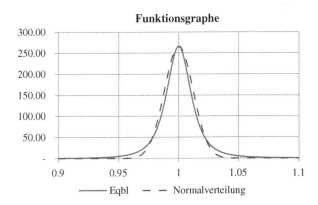

Abb. 8.3   Eqbl und Normalverteilung

Daher gibt die Kombination aus Häufigkeitsverteilung und der Eqbl eine deutlich bessere Überlagerung der Graphen wider, Abb. 8.4.

Darstellung und Vergleich der Regressionsgerade der beiden Funktionen zeigen zudem deutliche Unterschiede, was sich auch durch das höhere Bestimmtheitsmaß R^2 zugunsten der Eqbl äußert, s. Abb. 8.5.

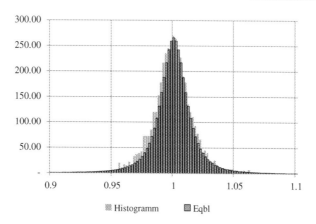

Abb. 8.4 Häufigkeitsverteilung und Eqbl

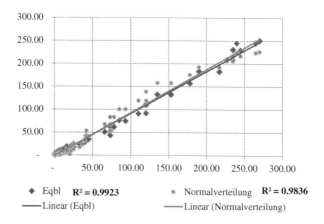

Abb. 8.5 Vergleich der Regressionsgerade

8.2   Asymmetrisch verteilte Kursschwankungen, Kursverfall

in vorangeganenem Kapitel wurde aufgeführt, wie sich extreme Kursschwankungen, die ihrer Anfangsphase detektiert werden, in den Kurswerten äußern. Stellt man diese Phasenübergangswerte enes Kursverfalls in einem Histogramm dar, so wird dieses in einer schiefen Häufigkeitsverteilung offenbart, s. Abb. 8.6.

Sie lassen sich mit der Eqbl in großer Näherung an die Häufigkeitsverteilung der Urwerte modellieren, s. Abb. 8.7.

Das führt dazu, dass aus ersichtlichen Gründen die Normalverteilung nur einen Fall aus der Modellierung darstellen kann, der in seiner symmetrischen Form nicht geeignet ist, weder den Kursverfall noch den Kursgewinn zu objektivieren, was sich auch in der Konsistenz der Bestimmtheitsmaße äußert. s. Abb. 8.8a, b.

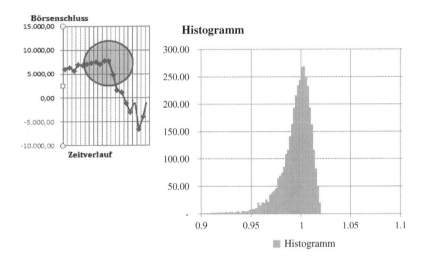

Abb. 8.6 Börsenschluss, asymmetrisches Histogramm

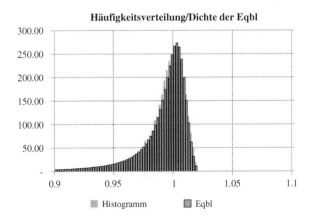

Abb. 8.7 Eqbl in großer Näherung an die Häufigkeitsverteilung

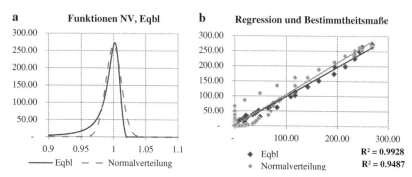

Abb. 8.8 a Funktionen NV, Eqbl, b Regression und Bestimmtheitsmaße

8.3 Asymmetrisch verteilte Kursschwankungen, Trendgraphen Kursgewinn/Kursverlust

Wie bekannt ist können Kurse auch über Stichproben beobachtet werden. Dabei gibt der Trend darüber Auskunft ober der Preis für Aktien steigt, oder fällt. Dabei gilt auch hier: Je größer die Anzahl der gemessenen Ereignisse, desto präziser die Aussage. Aber auch in dieser Erscheinung lassen sich, wenn auch auf die Anzahl der Ereignisse beschränkt, bessere Voraussagen mit der Eqbl treffen, als mit einer Normalverteilung, allein schon dadurch, dass die Anzahl der Parameter, welche die Zufallsvariablen beeinflussen, dem Wesen der Verteilung sehr nahe kommt. Damit gemeint sind die zusätzlichen Parameter Schiefe und Kurtosis. Kursverfall und Kursgewinngrafik nebst Trendgrafik sind in den Abb. 8.9a, b dargestellt.

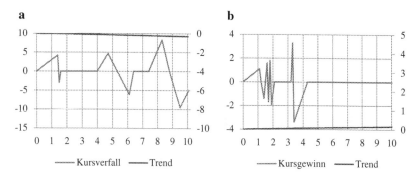

Abb. 8.9 a Kursverfall und b Kursgewinngrafik

Einfluss auf Six Sigma

SixSigma ist das Synonym und der übergeordnete Begriff für das Qualitätsmanagement, aber auch damit eine direkte verbale und faktische Verbindung zur logarithmischen Equibalancedistribution.

Wichtige Bestandteile des aktuellen Qualitätsmanagements, die der Qualitätsbeurteilung und – steuerung dienen sind

- Statistische Prozesskontrolle (SPC),
- Qualitätsregelkarten mit Berechnungen der Eingriffs- bzw. Warngrenzen,
- Stichprobenprüfungen.

Die Abb. 9.1 stellt dieses in einem grafischen Zusammenhang dar.

Verständlicherweise werden sich die Verhältnisse für eine SixSigma – Betrachtung unter der Einflussnahme des dritten und vierten Parameters ändern. Etwaige verborgene Schieflagen, Asymmetrien und Kurtosis haben zukünftig einen berechenbaren Einfluss auf die Qualitätsbedingungen. Möglicherweise äußern sich viele Produktqualitäten vom Grundsatz her in einer schiefen und steilen Häufigkeitsverteilung, sodass über Mittelwerte, Streuung und Grenzwerte nachgedacht werden muss.

© Springer Fachmedien Wiesbaden GmbH, ein Teil von Springer Nature 2018   55
M. Hellwig, *Der vierte Parameter, Kurtosis und die logarithmische Varianz,*
essentials, https://doi.org/10.1007/978-3-658-21859-1_9

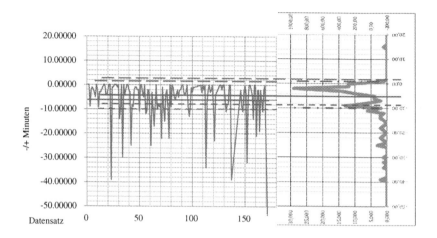

Abb. 9.1 Xquer Qualitätsregelkarte, mit Grenzwerten in Bezug zur Normalverteilung

Sinusfunktion als Überlagerung 10

10.1 Überlagerung Sinus – Eqb am Beispiel Erdbebenaufzeichnung

Wird die Abb. 4.2, Erdbebenaufzeichnung, betrachtet, so finden sich Muster oder besser formuliert Strukturen wieder, die einen wellenförmigen Einfluss auf die Entwicklung von Häufigkeiten vermuten lassen. Das gab Grund genug, darüber zu forschen, ob die Erweiterung der Eqbl – eine Sinusfunktion – einen derartigen Sachverhalt modellieren ließe. Eine Untersuchung anhand einer Erdbebensequenz TIMESERIES SX_WERN__LHZ_D, 7201 samples, 1 sps, 2014-08-03T22:58:00.357500, TSPAIR, INTEGER, dazu sei hier aufgeführt. Aus der erhobenen Datenmenge ergeben sich folgende Urwertetabelle und Häufigkeitsverteilung gemäß Abb. 10.1a, b für eine Messwertefolge, die sich in diesem Fall nahezu Eqb-normalverteilt verhält, da Schiefe und Kurtosis gering ausfallen.

Daraus ergeben sich folgende statistische Werte, Tab. 10.1.

Wird nun eine Schwingung betrachtet, so soll sich diese gemäß den Differenzen zwischen der vorangehenden und der nachfolgenden Amplitude A im Intervall i $A(i)$ entwickeln, was der Betrachtung von Differenzenquotienten nahe kommt, die da sind

$$A(i) = A(n) - A(n-1) \qquad (10.1)$$

und in der Konsequenz daraus folgende anfängliche Folge, in Tab. 10.2 darstellt.

In der vollständigen Fassung aller Werte ergibt sich Abb. 10.2, nämlich die Amplitudenfolge der unter Tab. 10.2 anfänglich dargestellten Werte.

Basierend aus den in Tab. 10.1 ermittelten Parametern kann eine modellierte Folge grafisch wie unter Abb. 10.3 aufgeführt werden, die offensichtlich eine Näherung an die in Abb. 10.2 dargestellte Amplitudenfolge widerspiegelt.

© Springer Fachmedien Wiesbaden GmbH, ein Teil von Springer Nature 2018
M. Hellwig, *Der vierte Parameter, Kurtosis und die logarithmische Varianz,*
essentials, https://doi.org/10.1007/978-3-658-21859-1_10

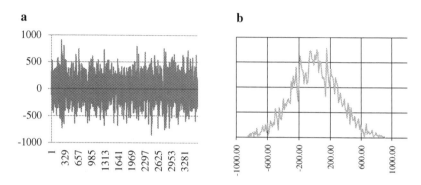

Abb. 10.1 a Urwerte aus TIMESERIES SX_WERN__LHZ_D, 7201 samples, 1 sps, 2014-08-03T22:58:00.357500, TSPAIR, INTEGER, **b** Häufigkeitsverteilung

Tab. 10.1 Statistische Werte

Standardabw	235,179932	Kurtosis	0,90365274
Mittelwert	1,77450708	Schiefe	−0,00041

Tab. 10.2 Anfängliche Differenzenquotienten

−750	0	−630	3
−720	2	−620	−2
−710	−2	−590	5
−670	2	−580	−6
−650	1	−570	1
−640	−3	−560	0

Dabei gilt für Eqb (s. auch Hellwig 2016)

$$Eqb_{(x;\mu,\sigma,\rho)} = \frac{1}{\sqrt{2\pi s^2(1-\rho(x-\mu))}} e^{-\frac{(x-\mu)^2}{2\sigma^2(1-\rho(x-\mu))}} \qquad (10.1)$$

mit der nachgewiesenen Dichte von 1.

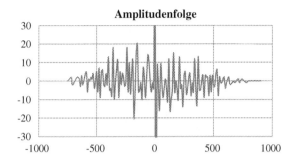

Abb. 10.2 Amplitudenfolge

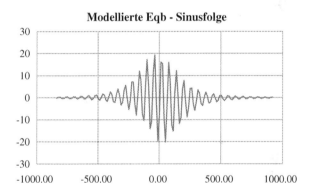

Abb. 10.3 Modellierte Eqb – Sinusfolge

Daraus entwickelt sich das folgende Bild für eine modellierte Dichtefunktion unter Verwendung der errechneten Parameterwerte, 10.1.4 Eqb, Stichprobe – modellierte Dichte, sowie die miteinander vergleichbaren Summen der Dichtefunktionen der Normalverteilung, der Eqb und der mit der Sinusfunktion überlagerten Eqbl (s. Abb. 10.4).

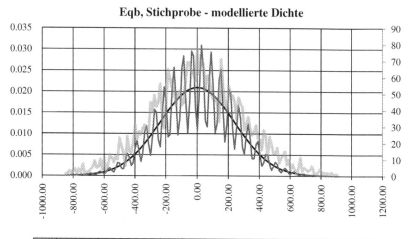

Abb. 10.4   Eqb, Stichprobe – modellierte Dichte

10.2   Überlagerung Sinus – Eqbl am Beispiel logarithmisch verteilter Urwerte/Stichproben

Extremwerte, die einer logarithmischen Häufigkeitsverteilung folgen – sie haben die wie vor beschriebenen „dicken Schwänze" – können ebenfalls modelliert werden. Sofern sie zeitgerecht und damit sinnvoll zur Prognose der Zukunft dienen, können die gewonnenen Parameterwerte in Verbindung mit der Eqbl dazu beitragen ein Modell der zukünftigen Entwicklung von Prozessen abzubilden. Dazu sind im Folgenden beispielhaft theoretische Parameter, Abb. 10.5 und Schaubilder für die Funktionsgrafen Eqbl, Sinus-Eqbl und NV, modellierte Amplituden in den Abb. 10.5a, b dargestellt, die theoretischen Parameter in Tab. 10.3.

Beobachtet werden kann, dass die modellierten Amplituden den Amplituden einer Erdbebenaufzeichnung, Abb. 10.6 sehr nahe kommt und daher im umgekehrten Sinn – sollten also Stichproben aus dem Erdbebengebiet genommen werden – Rückschlüsse auf die theoretische Dichteverteilung gezogen werden könnten.

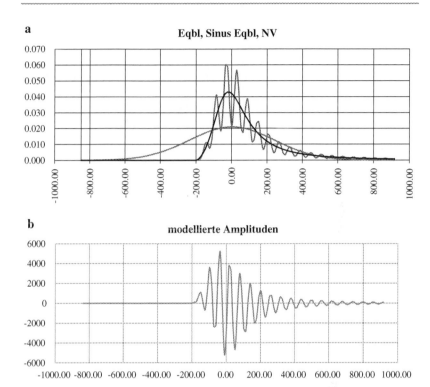

Abb. 10.5 **a** Funktionsgraphen Eqbl, Sinus-Eqbl und NV; **b** modellierte Amplituden

Tab. 10.3 Theoretische Parameter

μ	σ	ρ	**Welle (sin)**	Klassenbreite	Kurtosis
1,7	240	−0,5 %	12,536	12,54	4,00
Normalverteilung	logarithmische Equibalance-distribution		**Sinus Equibalance-distribution zum Modellieren der Amplituden-gruppen**		
99,978.172 %	94,8005 %		**94,7934 %**		

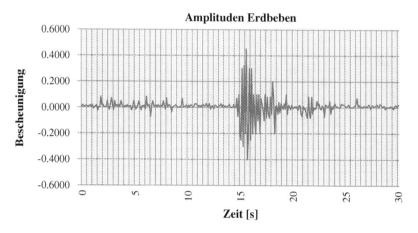

Abb. 10.6 Erdbebenaufzeichnung, Amplituden

10.3 Überlagerung Sinus – Eqbl am Beispiel logarithmisch verteilter Kursschwankungen

Analysiert man die voran aufgezeichneten Kursschwankungen mittels deren Steigungswerte im Sinne von der Feststellung der Differenzenquotienten, so stellt sich die Häufigkeitsverteilung wie n der Abb. 10.7 aufgezeigt dar. Interessant ist, dass sich mit der 1. Ableitung der Eqbl eine Näherung eines Trendverlaufs überlagern lässt, welcher dem Verlauf der 1. Ableitung der Eqbl folgt.

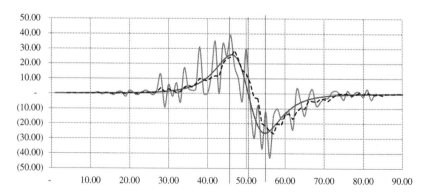

Abb. 10.7 Differenzenquotienten der Häufigkeiten, 1. Ableitung Eqbl, Trendverlauf

Daher erscheint es naheliegend der Vermutung nachzugehen, ob die Differenzenquotienten der Kursschwankungshäufigkeiten eine Näherung zu einer sinusförmigen Überlagerung der 1. Ableitung der Eqbl zulassen, was in der Abb. 10.8 dargestellt ist.

Dabei stellt sich die Überlagerung in Abb. 10.9 in der Form wie folgt dar:

$$= \left(\left(\sin \left(Eqbl^{\wedge}3 \right) * \omega \right) + Eqbl \right) \tag{10.2}$$

wobei ω für die mittlere Amplitudenhöhe der Kursschwankungen steht.

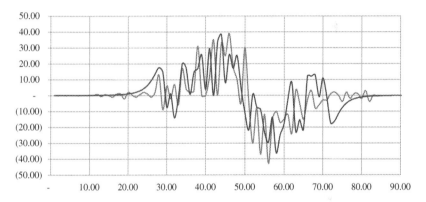

Abb. 10.8 Differenzenquotienten der Häufigkeiten, 1. Ableitung Eqbl, sinusförmig überlagert

Abb. 10.9 Ausschnitt Amplitudenhöhe der Häufigkeiten und der 1. Ableitung Eqbl, sinusförmig überlagert

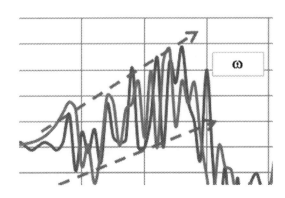

Sicherlich lassen sich nicht alle Einflüsse aus dem Weltgeschehen auf die Finanzmärkte mit einer einhundertprozentigen Präzision vorhersagen, wohl aber liegen nun weitere Instrumente vor, die zumindest einen dem Zeitgeschehen naheliegenden Trend beobachten lassen, wenn dafür genügende vorlaufende Beobachtungszeit für die Sammlung einer Anzahl von Ereignissen vorliegt, die im Sinne einer Stichprobe bewertet werden können.

Beziehung zu alpha-stabilen Verteilungen

11

Alpha-stabile Verteilungen verfügen über keine geschlossene Darstellung der Dichte, dafür sei hier die Cauchy-Verteilung aufgeführt. Sie ist eine Verteilung ohne Erwartungswert und Varianz und wird parametrisiert durch das Zentrum t = 0 und dem Breitenparameter s = 1. Sie verfügt weder über Schiefe noch über Kurtosis (Abb. 11.1).

$$Cauchy = f(x) = 1 \big/ (\pi) * (s/s - t)^2 \tag{11.1}$$

Aufgrund ihres mangelhaften Verhaltens im Extrembereich können Randabhängigkeiten nicht zur Preisfindung herangezogen werden, zumal zudem weder Schiefe noch Kurtosis hinreichend berücksichtigt werden können.

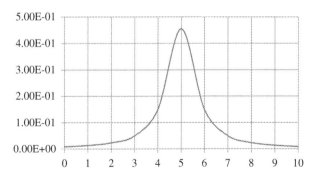

Abb. 11.1 Alpha-stabile Cauchy-Verteilung

© Springer Fachmedien Wiesbaden GmbH, ein Teil von Springer Nature 2018
M. Hellwig, *Der vierte Parameter, Kurtosis und die logarithmische Varianz*,
essentials, https://doi.org/10.1007/978-3-658-21859-1_11

Zusammenfassung

Das Springer *essential* „Der dritte Parameter und die asymmetrische Varianz"
hatte bereits das Anliegen des Autors behandelt, die Dominanz der Normalverteilung bei der qualitativen Beurteilung von Ereignissen infrage zu stellen. Daher
wurden auch einige Passagen hieraus in das vorliegende *essential* übernommen.

Das weitere Anliegen besteht darin aufzuführen, dass selbst die Funktion der
Equibalancedistribution, Eqbl nicht zielführend ist, wenn es sich bei empirisch
ermittelten Häufigkeitsverteilungen mit logarithmischen Eigenschaften handelt.

Das ist offensichtlich bei Wachstumsprozessen, wie sie in der Finanzwelt und
in der Medizin vorkommt der Fall. Aber auch in der Untersuchung der Pünktlichkeit kann weder eine Normalverteilung noch eine Equibalancedistribution – aufgrund der Steilheit der Dichte – für eine objektive Wertung herhalten. Insofern
kann nur eine weitere Funktion, die logarithmische Variante der Eqbl – die logarithmische Equibalancedistribution – zum Einsatz kommen.

Anders als in der Lognormalverteilung berücksichtigt die Eqbl sowohl die
Schiefe als auch die Kurtosis aus den Schätzparametern und kann daher helfen
extreme Ereignisentwicklungen frühzeitig zu entdecken. Ein aufgeführter Test auf
Konvergenz der Eqbl mag die Analysis wie in dem *essential*.

„Der dritte Parameter und die asymmetrische Varianz" untermauern, sodass
davon ausgegangen werden kann, dass es sich auch bei der Eqbl um eine Dichte
handelt, die sich der Wahrscheinlichkeitssumme von 1 nähert.

Es ist aber auch einsehbar, dass sehr kurzzeitige, mit heftigen Streuungen ver-
sehene Ereignisse, wie sie zum Beispiel bei Erdbeben auftreten, nicht mehr über
Stichproben so frühzeitig detektierbar sind, dass Evakuierungen wirksam sein
können um die Bevölkerung vor Schaden zu schützen.

© Springer Fachmedien Wiesbaden GmbH, ein Teil von Springer Nature 2018   67
M. Hellwig, *Der vierte Parameter, Kurtosis und die logarithmische Varianz,*
essentials, https://doi.org/10.1007/978-3-658-21859-1_12

Excel-Formeln/Formate

Da die Bestrebung besteht, dass die erarbeiteten Excelformate Anwendung finden, ist dieser Anhang, Abb. 13.1 nebst Formelaufzeichnung, angefügt. Die Graphen ändern sich mit den Veränderungen der Parameterwerte. Excel-Formeln für

- die Normalverteilung
  =NORMVERT (A10;$B$6;$C$6;)*$F$6
- die Equibalancedistribution Eqb
  $= \mathrm{WENN(E10 > 0;1/(\$C\$6*WURZEL((2)*PI()*E10))*EXP}$
  $((-(1/2*(((A10\text{-}\$B\$6))/(\$C\$6))^{(2)}/E10)))*\$F\$6;0)$
- die logarithmische Equibalancedistribution Eqbl
  $=\mathrm{WENN(E10 > 0;1/(\$C\$6*WURZEL((2)*PI()*(E10/\$D\$6)))*(EXP}$
  $(-4*LOG(1 + 1/2*(1/(E10/\$D\$6))*((ABS(A10-\$B\$6)/(\$C\$6))^{(2)})))));0)*\$F\$6$

Für verschiedene Parameterwerte seien Graphen dargestellt in den Abbildungen der Varianten Abb. 13.2a, b und c.

© Springer Fachmedien Wiesbaden GmbH, ein Teil von Springer Nature 2018   69
M. Hellwig, *Der vierte Parameter, Kurtosis und die logarithmische Varianz,*
essentials, https://doi.org/10.1007/978-3-658-21859-1_13

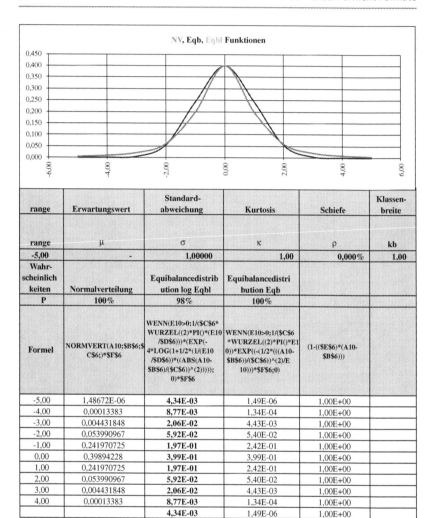

range	Erwartungswert	Standard-abweichung	Kurtosis	Schiefe	Klassen-breite
range	μ	σ	κ	ρ	kb
-5,00	-	1,00000	1,00	0,000%	1,00
Wahr-scheinlich keiten	Normalverteilung	Equibalancedistrib ution log Eqbl	Equibalancedistri bution Eqb		
P	100%	98%	100%		
Formel	NORMVERT(A10;$B$6;$ C$6;)*$F$6	WENN(E10>0;1/($C$6* WURZEL((2)*PI()*(E10 /$D$6)))*(EXP(- 4*LOG(1+1/2*(1/E10 /$D$6))*((ABS(A10- $B$6)/($C$6))^(2)))); 0)*$F$6	WENN(E10>0;1/($C$6 *WURZEL((2)*PI()*E1 0))*EXP((-(1/2*(((A10- $B$6))/($C$6))^(2)/E 10)))*$F$6;0)	(1-(($E$6)*(A10- $B$6)))	
-5,00	1,48672E-06	4,34E-03	1,49E-06	1,00E+00	
-4,00	0,00013383	8,77E-03	1,34E-04	1,00E+00	
-3,00	0,004431848	2,06E-02	4,43E-03	1,00E+00	
-2,00	0,053990967	5,92E-02	5,40E-02	1,00E+00	
-1,00	0,241970725	1,97E-01	2,42E-01	1,00E+00	
0,00	0,39894228	3,99E-01	3,99E-01	1,00E+00	
1,00	0,241970725	1,97E-01	2,42E-01	1,00E+00	
2,00	0,053990967	5,92E-02	5,40E-02	1,00E+00	
3,00	0,004431848	2,06E-02	4,43E-03	1,00E+00	
4,00	0,00013383	8,77E-03	1,34E-04	1,00E+00	
		4,34E-03	1,49E-06	1,00E+00	

Abb. 13.1 Anhang Excel Formeln

a

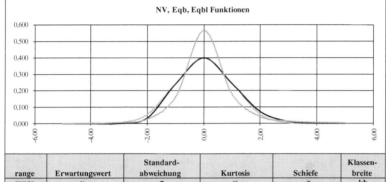

range	Erwartungswert	Standard-abweichung	Kurtosis	Schiefe	Klassen-breite
range	μ	σ	κ	ρ	kb
-5,00	-	1,00000	2,00	-12,000%	1,00
Wahr-scheinlich keiten	Normalverteilung	Equibalancedistrib ution log Eqbl	Equibalancedistri bution Eqb		
P	100%	100%	100%		

b

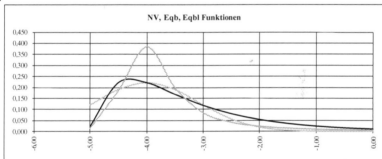

range	Erwartungswert	Standard-abweichung	Kurtosis	Schiefe	Klassen-breite
range	μ	σ	κ	ρ	kb
-5,00	- 4,00000	0,90000	3,00	-80,000%	0,50
Wahr-scheinlich keiten	Normalverteilung	Equibalancedistrib ution log Eqbl	Equibalancedistri bution Eqb		
P	92%	96%	97%		

Abb. 13.2 a, b, c Parameter Variante

c

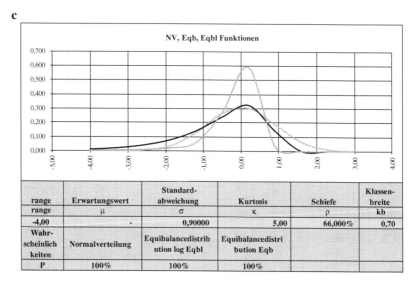

range	Erwartungswert	Standard-abweichung	Kurtosis	Schiefe	Klassen-breite
range	μ	σ	κ	ρ	kb
-4,00	-	0,90000	5,00	66,000%	0,70
Wahr-scheinlich keiten	Normalverteilung	Equibalancedistrib ution log Eqbl	Equibalancedistri bution Eqb		
P	100%	100%	100%		

Abb. 13.2   (Fortsetzung)

Was Sie aus diesem *essential* mitnehmen können

- viele Häufigkeitsverteilungen können mit Eqbl und Eqb approximiert werden
- in symmetrischem Verteilungsfall ist die Eqbl identisch mit der Lognormalverteilung, die Eqb identisch mit der Standardnormalverteilung
- beide Formeln können eine Reihe von Formeln dadurch ersetzen, da sie zusätzliche Parameter für Schiefe und Kurtosis berücksichtigen
- Überlagerungen beider Funktionen mit einer Sinusfunktion behalten die Dichte 1 und zeigen große Ähnlichkeit mit dem „Auf und Ab" der Häufigkeitsverteilungen der Schwankungen von Aktienkursen.
- Seltene Ereignisse, wie Erdbeben haben zu kurze Ankündigungszeiten, als dass man sie mit den genannten Funktionen frühzeitig detektieren kann.

© Springer Fachmedien Wiesbaden GmbH, ein Teil von Springer Nature 2018
M. Hellwig, *Der vierte Parameter, Kurtosis und die logarithmische Varianz,*
essentials, https://doi.org/10.1007/978-3-658-21859-1

Literatur

Freutsmiedl, M., & Höhn, T. (2016). *Herzfrequenzvariabilität (HRV)*. Naturheilmagazin. http://www.naturheilmagazin.de/natuerlich-heilen/naturheilkundliche-methoden/ herzfrequenzvariabilitaet-film.html. Zugegriffen: 16. März. 2018.

Gammelin, K., & Kloy, J. W. (2006). Risikomessung – Normalverteilung oder Meanreversion-Modelle? *Risikomanager, 5,* 1.

Hellwig, M. (2015). *Equibalancedistribution – asymmetrische Dichteverteilung, Alternative zur Gauß'schen symmetrischen Normalverteilung*. Wiesbaden: Springer Vieweg.

Hellwig, M. (2017). *Der dritte Parameter und die asymmetrische Varianz – Philosophie und mathematisches Konstrukt der Equibalancedistribution*. Wiesbaden: Springer Vieweg.

Hellwig, M., & Sypli, V. (2014). *Leit- und Sicherungstechnik mit drahtloser Datenübertragung, Sicherheit im drahtlosen Bahnbetrieb – Qualität in der Informationsverarbeitung – Methoden der Qualitätssicherung*. Wiesbaden: Springer Vieweg.

Korolev, V. Yu. (1998). On the convergence of distributions of random sums of independent random variables to stable laws. *Society for Industrial Applied Mathematics*. https://doi.org/10.1137/S0040585X97976544. Zugegriffen: 16. März. 2018.

Kotz, S., Kozubowski, T. J., & Podgórski, K. (2001). *The laplace distribution and generalizations*. Basel: Birkhäuser.

Mandelbrot, B. (1999). Börsenturbulenzen – neu erklärt. *Spektrum der Wissenschaft, 05,* 74.

Mandelbrot, B. B., & Hudson, R. L. (2005). *Fraktale und Finanzen: Märkte zwischen Risiko, Rendite und Ruin*. München: Piper.

Prahm, J. (2010). *Eine Anwendung über Peak over Threshold*. Münster: Diplomarbeit, Westfälische Wilhelms-Universität.

Stewart, I. (2012). *17 equations that changed the world*. London: Profile Books LTD.

Waser, A. (2003). *Die logarithmische Verteilung in der Natur*. Einsiedeln: Eigenverlag André Waser.

© Springer Fachmedien Wiesbaden GmbH, ein Teil von Springer Nature 2018
M. Hellwig, *Der vierte Parameter, Kurtosis und die logarithmische Varianz,*
essentials, https://doi.org/10.1007/978-3-658-21859-1

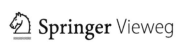

Printed in the United States
By Bookmasters